西霞院电站软基处理实践

肖　强　张东升　编著

黄 河 水 利 出 版 社

· 郑州 ·

内 容 提 要

本书共分 7 章,分别阐述了西霞院工程概况,电站坝段工程地质概况,电站基础现场及室内试验成果和地质参数确定,电站基础处理方案优化与调整,电站厂房软基处理施工及质量检测,电站基础监测系统及成果分析,结论与建议。

本书是围绕西霞院工程电站软基处理的一本专著,可为同类型水利工程提供参考。

图书在版编目(CIP)数据

西霞院电站软基处理实践/肖强,张东升编著. —郑州:
黄河水利出版社,2012.10
ISBN 978 - 7 - 5509 - 0361 - 6

Ⅰ.①西⋯　Ⅱ.①肖⋯②张⋯　Ⅲ.①水电站厂房 –
软土地基 – 地基处理 – 洛阳市　Ⅳ.①TV731

中国版本图书馆 CIP 数据核字(2012)第 228621 号

组稿编辑:王志宽　电话:0371-66024331　E-mail:wangzhikuan83@126.com

出　版　社:黄河水利出版社　　　　　　　　　　　　网址:www.yrcp.com
地址:河南省郑州市顺河路黄委会综合楼 14 层　　　邮政编码:450003
发行单位:黄河水利出版社
　　　发行部电话:0371 – 66026940、66020550、66028024、66022620(传真)
　　　E-mail:hhslcbs@ 126.com
承印单位:黄河水利委员会印刷厂
开本:787 mm × 1 092 mm　1/16
印张:10.5　　　　　　　　　　　　　　插页:4
字数:260 千字　　　　　　　　　　　　印数:1—1 000
版次:2012 年 10 月第 1 版　　　　　　　印次:2012 年 10 月第 1 次印刷

定价:38.00 元

电站基础开挖
揭露出的软弱地基

电站基础大型原位试验

电站基础素混凝土桩施工

电站周边混凝土防渗墙施工

施工中电站厂房坝段

混凝土坝段施工全景

彩插摄影：王爱明　程长信　张东升

前　言

西霞院反调节水库是小浪底水利枢纽的配套工程。工程位于河南省洛阳市以北的黄河干流上,上距小浪底水利枢纽 16 km。坝址左岸是洛阳市吉利区、济源市,右岸为孟津县,下距郑州 116 km。该工程对于提高小浪底水利枢纽的综合效益,实现黄河水资源优化配置具有重要意义。西霞院工程通过对小浪底水电站调峰发电的不稳定流进行再调节,可使下泄水流均匀稳定,满足黄河下游河段的工农业用水及河道整治工程安全要求,有效缓解"电调"与"水调"的矛盾,对于充分发挥小浪底水利枢纽的综合效益具有不可替代的作用。

西霞院工程为大(2)型Ⅱ等工程。大坝总长 3 122 m,水库总库容 1.62 亿 m³,主要建筑物有左、右岸土石坝,河床式电站,泄洪闸,排沙洞,王庄引水闸,灌溉引水闸等。西霞院工程以反调节为主,结合发电,兼顾供水、灌溉等综合利用,可以从根本上消除小浪底下泄的不稳定流对下游河道的影响,保证黄河下游河道维持在 200 m³/s 以上的生态流量,充分发挥小浪底水利枢纽的社会效益。同时,从西霞院电站尾水引水,可以发展灌区面积 7.6 万 hm²。西霞院电站安装 4 台单机容量为 35 MW 的水轮发电机组,总装机容量为 140 MW,多年平均发电量 5.83 亿 kW·h。

西霞院工程总工期 5.5 年。2003 年初,前期工程开工;2004 年 1 月 10 日主体工程开工;2006 年 11 月 6 日截流;2007 年 5 月 30 日下闸蓄水,同年 6 月 18 日首台机组并网发电;2008 年 6 月主体工程全部完工;2011 年 3 月 2 日通过竣工验收。

西霞院工程电站厂房坝段地基主要为上第三系地层,该地层埋藏于深厚覆盖层(20~30 m)之下,具有岩、土性质并存,岩性相变大,强度跨度大,产状不清晰,标志层不明显,小构造比较发育,接触关系复杂等特点。根据大型现场试验、原位测试钻孔取样及室内试验成果,通过对泥(岩)类(Ⅰ-1)和黏土类(Ⅰ-2)抗剪参数的进一步核实,对电站厂房坝段抗滑稳定、地基承载力、基础沉降变形和渗透稳定等的复核,以及对电站厂房坝段各种工况下的稳定计算,为防止蓄水后电站地基产生渗透变形和集中渗漏问题,确定采用垂直防渗、素混凝土桩复合地基处理方案。施工过程中,建设各方采取各种有效措施,在高地下水位、渗漏量大的情况下,确保混凝土防渗墙、混凝土灌注桩的施工质量。工程经过了三年的初期运用,通过对原型监测资料和外部变形观测资料的分析,表明工程运行正常、安全稳定。

西霞院工程的建设得到了水利部的殷切关怀,得到了地方政府和兄弟单位的大力支持与帮助,得到了参与工程建设和运行管理的专家、学者的指导。本书由肖强、张东升编著和统稿,在编著过程中,黄河勘测规划设计有限公司刘宗仁、史仁杰,小浪底工程咨询有限公司宋书克、魏立巍、刘经纬等提供了大量资料和帮助,在此一并致以衷心的感谢。

本书力求使用最翔实的一手资料,从工程建设的不同阶段,完整表述西霞院工程电站坝段软弱地基处理的过程,但由于经验不足,水平有限,难免有不当之处,敬请指正。

作　者

2012 年 9 月

目　录

第1章 工程概况

1.1 工程位置及开发目标

小浪底水利枢纽配套工程——西霞院反调节水库(以下简称西霞院工程)位于河南省境内的黄河干流上,上距小浪底水利枢纽 16 km。坝址左岸是洛阳市吉利区、济源市,右岸为孟津县。坝址距郑州、洛阳、焦作分别为 150 km、48 km 和 86 km。

西霞院工程的开发目标是:以反调节为主,结合发电,兼顾供水、灌溉等综合利用。作为小浪底水利枢纽的反调节水库,西霞院工程建成后,通过反调节,可保证下游河道流量在 200 m³/s 以上,将从根本上消除小浪底下泄的不稳定流对下游河道的不利影响,使小浪底水库发挥更大的社会、经济效益。同时,利用西霞院水库,每年可以增加下游供水 1 亿 m³。从西霞院电站尾水引水,可以发展灌区面积 7.6 万 hm²。西霞院电站安装 4 台单机容量 35 MW 的水轮发电机组,总装机容量 140 MW,多年平均发电量 5.83 亿 kW·h。

1.2 枢纽建筑物布置

西霞院工程为大(2)型 II 等工程。枢纽建筑物由左岸土石坝、河床式电站厂房、排沙洞、泄洪闸、王庄引水闸、右岸土石坝、坝后灌溉引水闸、右坝肩上游沟道整治工程、下游右岸防护工程等建筑物组成。其中左岸土石坝、河床式电站厂房、排沙洞、泄洪闸、王庄引水闸、右岸土石坝沿坝轴线呈折线形集中布置。坝顶总长 3 122 m(其中土石坝长 2 609 m,混凝土坝长 513 m),土石坝坝顶高程 138.2 m,混凝土坝坝顶高程 139.0 m。

土石坝布置于混凝土建筑物坝段的两侧,为复合土工膜斜墙砂砾石坝,坝顶宽 8.0 m,大坝上游坝坡 1:2.75,下游坝坡 1:2.25 和 1:2.5,左侧土石坝长 1 725.5 m,右侧土石坝长 883.5 m。两岸滩地基础为沙壤土、砂层,采用强夯方法处理;河槽段坝体和截流围堰结合。坝基防渗采用混凝土防渗墙。

河床式电站布置在右岸滩地,紧靠河槽段土石坝。主厂房长 179.6 m(包括左侧安装间),宽 25.5 m,高 25.0 m。安装 4 台轴流转桨式水轮发电机组,单机容量 35 MW,总装机容量 140 MW。安装间布置在主厂房左侧。安装间下游侧布置中控楼。两台主变压器布置在 1 号、3 号机组尾水平台上。GIS 配电室布置在两台主变压器之间、2 号机组尾水平台上,出线场布置在 GIS 室屋顶。尾水平台高程 129.50 m。

排沙洞位于电站厂房右侧,坝段宽 24.5 m。设有 3 条排沙洞,闸室洞身为平底布置,底板高程 106.0 m,洞身断面为矩形,断面尺寸 4.5 m×4.8 m(宽×高)。出口采用底流消能,消力池长 49.7 m(无尾坎)。

安装间下部设有 3 条排沙底孔,平底直洞布置,进、出口底板高程 106.0 m。孔身断面为矩形 4.5 m×4.8 m(宽×高)。出口采用底流消能,消力池长 49.7 m。

排沙底孔布置在 1 号、2 号、3 号机组段右侧,共 3 孔,与电站流道并列式布置。进口底板高程 106.0 m,出口底板高程 99.48 m,洞身尺寸为 3 m×5 m(宽×高)。

泄洪闸位于排沙洞右侧,坝顶长 301.0 m,最大高度 29.0 m,共设 21 孔。其中左侧 7 孔为带胸墙的潜孔闸,实用堰堰顶高程 121.0 m,孔口尺寸 9 m×4.5 m(宽×高);右侧 14 孔为开敞式闸,堰型为 WESⅢ型,堰顶高程 126.4 m,闸门尺寸 12.0 m×7.6 m。出口采用底流消能,消力池长 48.0 m。

王庄引水闸位于泄洪闸右侧,为地方恢复工程。坝段宽 7.9 m,分冲沙闸和引水闸两孔。冲沙闸底板高程 125.0 m,孔口尺寸 2.0 m×1.0 m。引水闸底板高程 126.0 m,设计引水流量 15.0 m³/s。

灌溉引水闸位于电站下游左侧岸边,结合导墙布置,与尾水流向成 50°夹角。闸型采用平底板胸墙闸孔形式,底板高程 116.5 m。

坝顶公路和对外交通公路相连,进厂公路由左侧土石坝坝顶沿坝下游坡降至电站尾水平台(高程 129.50 m),并且通向灌溉引水闸。

1.3 气象及水文资料

1.3.1 气象

西霞院坝址位于小浪底水利枢纽下游 16 km,控制黄河流域面积 69.46 万 km²(其中小浪底至西霞院区间 400 km²,占 0.06%)。坝址以上的黄河流域属大陆性季风气候。

根据坝址附近的孟津站 1961～1990 年气象要素统计资料,坝址处多年平均降水量为 643.2 mm,最大年降水量为 1 035.4 mm(1964 年),最小年降水量为 406 mm(1965 年)。降水年内变化较大,6～10 月降水量 463.1 mm,占全年降水量的 72%,最大 1 日降水量为 126.7 mm,发生在 1972 年 9 月 1 日。

坝址处多年平均气温为 13.7 ℃。气温年内分布不均,6～8 月较高,平均 25～26 ℃,12 月至次年 2 月较低,平均 -0.3～1.5 ℃。极端气温,最高 43.7 ℃(1966 年 6 月),最低 -17.2 ℃(1969 年 1 月)。库区水面年蒸发量为 1 966 mm 左右,4～7 月蒸发量最大,达 1 002 mm 左右,12 月至次年 2 月蒸发量较小,为 251 mm。年平均相对湿度为 63%,夏季为 60%～80%,冬季为 50%～60%,变化幅度不大。库区夏季多东北风,其余则多西北风,全年平均风速为 2.9 m/s,春季风速最大,最大风速达 25 m/s。年平均地温为 14.7～17.3 ℃。气象要素分别见表 1-1～表 1-3。

表 1-1 坝址各月平均降水量

项目	单位	1 月	2 月	3 月	4 月	5 月	6 月	7 月	8 月	9 月	10 月	11 月	12 月	全年
平均降水量	mm	7.8	14.7	25.6	42.5	54.1	65.3	159.0	90.6	96.7	52.6	25.4	9.0	643.3
≥0.1 mm 天数	d	3.4	4.9	6.4	7.5	7.5	7.3	12.3	10.4	10.0	8.0	4.6	2.8	85.1
≥10 mm 天数	d	0.1	0.2	0.7	1.6	1.9	2.0	4.2	2.8	2.9	1.6	0.7	0.3	19.0
平均蒸发量	mm	79.5	86.9	149	200	260.7	314.3	226.5	188.4	142.1	132.9	100.9	84.7	1 965.9
平均相对湿度	%	51	56	59	60	59	57	75	79	75	68	62	52	63

表1-2 坝址处各月平均气温和极端气温 （单位:℃）

项目	1月	2月	3月	4月	5月	6月	7月	8月	9月	10月	11月	12月	全年
平均气温	-0.3	1.6	7.6	14.6	20.6	25.4	26.3	25.1	20.0	14.7	7.7	1.5	13.7
月平均最高气温	1.4	5.1	10.8	16.9	23.0	27.5	28.5	27.1	22.3	17.0	10.2	3.4	28.5
月平均最低气温	-3.6	-4.3	4.9	11.7	17.9	22.5	24.1	22.9	18.1	13.0	4.5	-2.0	-4.3
极端最高气温	20.5	22.7	30.5	34.2	40.5	43.7	41.5	41.0	37.0	34.3	26.3	22.8	43.7
极端最低气温	-17.2	-15.7	-8.2	-2.4	5.2	12.3	15.5	11.9	5.7	-1.9	-9.8	-12.7	-17.2

表1-3 坝址处多年风速风向统计

项目	单位	1月	2月	3月	4月	5月	6月	7月	8月	9月	10月	11月	12月	全年
最大风速	m/s	20	18	18	25	15	18	18	14.3	12.0	15.0	18	19	25
最大风速风向		NW	WNW	WNW	WNW	WNW	SW	NNE	NNE	NW	WNW	WNW	WNW	WNW
最多风向		NE C	NE C	NE C	NE C	NE C	NE C	NE C	NE C	NE C	NE C	NE C	WNN C	NE C
频次	次	13 22	16 20	16 18	15 16	12 16	12 14	17 18	19 20	15 25	12 24	15 21	15 22	14 20

1.3.2 径流

坝址多年平均天然径流量为508亿 m³,其中汛期(7~10月)为296亿 m³,占全年的58.3%。

经上游水库调节和工农业引水后,设计水平年西霞院多年平均入库径流量279.6亿 m³,其中汛期(7~10月)为134.5亿 m³,占全年的48.1%,90%枯水年份148.9亿 m³。各保证率的代表年水量见表1-4。

表1-4 各保证率的代表年水量

保证率(%)	代表年	水量(亿 m³)		
		7月至次年6月	7~9月	10月至次年6月
10	1981	433.9	208.2	225.7
25	1982	348.2	159.9	188.3
50	1990	240.2	93.0	147.2
75	1965	197.9	70.5	127.4
90	1929	149.0	49.6	99.4
79年系列平均值		279.6	130.8	148.8

1.3.3 泥沙

坝址实测多年平均输沙量13.25亿 t,平均含沙量33.4 kg/m³,其中汛期(7~10月)输沙量11.44亿 t,含沙量49.6 kg/m³。

经坝址上游水库调节和各河段水量平衡,以及对上游三门峡、小浪底水库淤积计算和中游地区水土保持作用分析,西霞院坝址多年平均输沙量10.71亿t(含小浪底拦沙期),含沙量37.3 kg/m³,其中汛期(7~10月)输沙量10.67亿t,含沙量73 kg/m³。由于小浪底水库拦截,区间支沟又很小,基本没有推移质入库,悬移质中值粒径D_{50}平均为0.024 mm。矿物质主要为石英,占90%以上。

1.3.4 洪水

西霞院坝址天然设计洪水的洪峰流量,20年一遇为18 860 m³/s,100年一遇为27 500 m³/s,5 000年一遇为48 600 m³/s。在三门峡、小浪底两水库联合防洪运用后,西霞院入库洪水的洪峰流量,20年一遇为9 790 m³/s,100年一遇为9 870 m³/s,5 000年一遇为13 940 m³/s。西霞院工程设计洪水见表1-5。

表1-5 西霞院工程设计洪水

项目		洪水频率(%)						
		0.02	0.05	0.2	1.0	5.0	10	20
天然	洪峰流量(m³/s)	48 600	43 500	36 100	27 500	18 860	15 250	11 700
	5 d 洪量(亿m³)	103.0	93.4	78.9	62.4	44.8	37.3	29.6
	12 d 洪量(亿m³)	164.1	150.8	130.5	106.0	81.5	70.1	58.0
	45 d 洪量(亿m³)	347.4	327	293.9	254.9	208.7	187.0	162.8
三门峡、小浪底两水库联合防洪运用后	洪峰流量(m³/s)	13 940	13 470	11 400	9 870	9 790	9 600	7 820
	5 d 洪量(亿m³)	44.96	43.21	43.22	40.69	38.15	33.27	28.53
	12 d 洪量(亿m³)	98.94	102.30	99.92	95.90	82.07	70.44	58.14

1.3.5 施工洪水

汛期考虑小浪底水库控泄后,西霞院的20年一遇及50年一遇施工洪水标准均为5 000 m³/s。非汛期考虑小浪底水库的调节作用后,西霞院坝址最大流量为1 500 m³/s。小浪底调水调沙时,河道流量可达2 000~4 000 m³/s。考虑小浪底水库控泄,截流时控制流量为300 m³/s。

1.3.6 水位流量关系

坝址下游450 m处和坝址下游2 880 m处白鹤断面的1998年实测水位流量关系见表1-6。

表1-6 坝址下游河段实测水位流量关系

坝址下游 450 m 处	流量(m³/s)	200	400	500	1 000	1 500	2 000	2 500	3 000	3 500	4 000	4 340
	水位(m)	121.14	121.36	121.46	121.89	122.18	122.43	122.68	122.91	123.12	123.31	123.45
坝址下游 2 880 m 处	流量(m³/s)	200	400	500	1 000	1 500	2 000	2 500	3 000	3 500	4 000	4 340
	水位(m)	118.17	118.51	118.65	119.27	119.82	120.31	120.75	121.1	121.44	121.74	121.88

根据 1998 年实测的白鹤断面水位流量关系、实测断面和工程开挖后设计断面推求工程建成后的水位流量关系见表 1-7。

表 1-7 西霞院坝下水位流量关系(坝址下游 254 m 处)

流量(m³/s)	200	400	1 000	2 000	4 000	6 000	8 000	10 000	12 000	14 000	17·000
上线(m)	120.19	120.49	121.08	121.87	123.15	124.11	125.00	125.69	126.13	126.47	126.92
中线(m)	120.03	120.24	120.80	121.56	122.76	123.68	124.59	125.35	125.87	126.28	126.83
下线(m)	119.87	120.00	120.52	121.25	122.37	123.26	124.19	125.02	125.61	126.09	126.74

1.3.7 库容特性

西霞院水库正常蓄水位 134 m(黄海标高,下同)以下总库容 1.45 亿 m³,库容主要集中在坝前段,其中西霞院坝址以上 7.55 km 有 1.33 亿 m³ 的库容,占总库容的 91.7%。

水库淤积平衡后,正常蓄水位 134 m 以下有效库容为 0.452 亿 m³。

1.4 工程地质条件

1.4.1 一般工程地质条件

坝址区属于低山丘陵区,黄河河谷呈宽浅的"凵"形,谷底宽度约为 3 050 m,主河槽宽度约 600 m。主河槽两侧分布有高低漫滩,滩面较宽阔。左岸漫滩宽度约为 750 m,滩面高程多为 124 ~ 127 m;右岸漫滩宽为 1 500 ~ 1 700 m,滩面高程多为 123.5 ~ 126.5 m。

坝址区主要地层为上第三系洛阳组下段(NL_1)、第四系上更新统(Q_3)、第四系全新统(Q_4)。

1.4.2 水文地质条件

通过钻孔压水试验,坝址区上第三系地层的透水率为 0.1 ~ 10 Lu,多数为 1 ~ 10 Lu,为弱透水层,局部为微透水层。

1.4.3 混凝土坝段的工程地质

混凝土坝段部位地层由表部松散沉积层、中部砂卵石层及下部上第三系洛阳组地层组成。其中,表部松散沉积层厚为 2.5 ~ 3.5 m,结构较疏松,属中等透水层;中部砂卵石层多为密实状态,一般厚为 23 ~ 34 m,砂卵石层渗透系数为 10 ~ 30 m/d,为强透水层;下部上第三系洛阳组地层,成岩作用差,其岩性、强度在水平向及垂向的相变均较大,该层顶面起伏不平,高程一般为 88 ~ 100 m。

1.5 工程施工概况

西霞院工程总工期 5.5 年,其中前期准备工程工期 1 年,主体工程工期 4.5 年。

1.5.1　前期工程

2003 年初,西霞院前期工程开工。截至 2003 年 12 月底,包括供水、供电、通信、道路、大坝混凝土防渗墙试验段、砂石料加工及混凝土拌和系统、办公生活用房等项目基本完成。

1.5.2　主体工程

西霞院主体工程项目共分为 5 个标,分别为基础开挖工程(Ⅰ标)、坝基基础处理工程(Ⅱ标)、土石坝填筑工程(Ⅲ标)、混凝土施工工程(Ⅳ标)和机电安装工程(Ⅴ标)。

2004 年 1 月 10 日主体工程开工;2006 年 11 月上旬截流;2007 年 6 月下闸蓄水,首台机组并网发电;2008 年 6 月工程计划全部完工。

第2章　电站坝段工程地质概况

2.1　区域地质背景

西霞院工程库坝区位于华北地块南部的豫皖断块之上,在库区中部被近南北向的王良断层、连地断层分割为东西两个不同性质的次级地质构造单元。其东西两区的地形地貌、地层岩性、地质构造分布、水文地质条件均受各自单元区的控制,有较大的差异。西霞院工程的坝址区位于东区。

2.1.1　地形地貌

西霞院工程库坝区处于基岩低山丘陵区向冲洪积平原的过渡地带,地形起伏,地貌类型复杂,地势西高东低。南北均与黄土台塬—丘陵区相邻,由地质构造控制着地貌分界。

王良断层(宁嘴)以上河段,属基岩低山丘陵区,河流切割于三叠系紫红色砂岩、黏土岩地层中,谷底宽仅 300 ~ 700 m,为谷深坡陡的峡谷河段。黄河为本区最低侵蚀基准面,两岸相对高差百余米,山顶较平坦,表层局部残留有卵砾石和黄土,山坡较平缓,呈夷平面形态。

王良断层(宁嘴)以下河段属黄土台塬—丘陵区,河谷宽阔,心滩较多,为游荡汊河型河槽,河谷宽度 2 ~ 3 km,该区是黄河冲积扇的顶部。该区地层结构为:上部是中、上更新统黄土、黄土状土或砂卵石层,下伏上第三系或下第三系地层,局部地段有中生界三叠系砂岩、黏土岩出露。

2.1.2　区域地质构造

库区西部规模较大的断层主要有王良断层、连地断层,这两个断层是工程库坝区的控制性断层。库区东部发育有两条隐伏断层:坡头—吉利断层和霍村断层。以上断层自晚更新世以来,均已停止活动。

2.1.2.1　王良断层(F_3)

王良断层(F_3)北起焦枝铁路大桥黄河南岸附近,向 215° ~ 230° 方向延伸,展布在宁嘴—王良—马屯—关沟一线,露头断续。在秦家门附近,表现为倾向北西,倾角 75° ~ 85° 的逆冲断层,而在丘沟则又表现为倾向南东、倾角 65° ~ 77° 的张扭性断层,断层带宽 10 ~ 40 m,说明该断层为多期构造活动造成的结果。该断层北西盘为三叠系地层,南东盘则为上第三系地层,推测断距至少在 1 000 m 以上。据其断层泥的电子自旋共振和热释光法年龄鉴定,断层在 36.6×10^4 ~ 40.9×10^4 aB·P 和 15.4×10^4 ~ 18.3×10^4 aB·P 两个时期有过活动,说明该断层自晚更新世以来,已基本停止活动。

2.1.2.2 连地断层(F$_4$)

连地断层(F$_4$)露头南起连地村西南的焦枝线黄河铁路大桥的北端附近,以北西向延伸过铁路线,折向北,到西庄的西南又折向北东,为一倾向东或南东的正断层,倾角70°~80°,下盘出露三叠系下统地层,上盘则为下第三系地层,断层带宽 12~35 m,垂向断距亦达千米以上。据电子自旋共振法鉴定,其断层泥的绝对年龄约为 30×10^4 aB·P。

2.1.2.3 坡头—吉利断层(F$_5$)

坡头—吉利断层(F$_5$)西起分界断裂的河谷部位,沿坡头—吉利—孟县城一线展布,走向近东西向,在大坝左岸坝肩以北约 1.4 km 处通过。断层以北有下第三系济源群地层出露,以南为上第三系洛阳组地层。该断层西受王良、连地断层限制,东被五指岭断层切割,最大延伸长度约 30 km。坝址下游的吉利、孟县综合物探剖面显示,以及野外地质调查表明,该断层未错断上覆上更新统地层,说明该断层自晚更新世以来,可能没有活动过。

2.1.2.4 霍村断层(F$_6$)

霍村断层(F$_6$)大部分为隐伏断层,仅在库区外围霍村附近的金水河南岸与蔡家坑及奎门附近见有露头,其产状为:走向60°,倾向 SE,倾角80°左右。重磁资料显示,该断层沿奎门—霍村—孟津一线展布。在霍村取样分析,其断层泥电子自旋共振测试结果为 57.3×10^4 aB·P 左右。上覆地层采用热释光法测试,其年龄为 36.8×10^4 aB·P,为中更新统地层,未被切断,可以认为该断层自中更新世以来已停止活动。

2.1.3 区域水文地质条件

库区西部基岩裸露,为三叠系中、下统的陆相碎屑沉积岩,其岩性以钙质砂岩和黏土岩、页岩互层为主。东部沉降盆地则沉积了第三系的砂层(岩)与黏土(岩)互层(局部为砾岩或砂卵石层)及第四系黄土状土和砂卵石层等堆积物。

受本区的地形地貌、地质构造、地层岩性以及气候条件的综合影响,造成了本区较复杂的水文地质条件。

根据地下水的贮存条件和运移空间,可将区内地下水分为库区西部碎屑岩类裂隙水和库区东部松散岩类孔隙水两大类型。

2.1.3.1 碎屑岩类裂隙水

碎屑岩类裂隙水指贮存、运移在三叠系及下第三系砂岩构造裂隙、风化裂隙中的地下水,主要接受大气降水补给。由于地形起伏、沟谷深切、软硬相间的砂岩、黏土岩互层等,入渗条件很差,蒸发量大,地下水比较贫乏,其分布也很不均匀,与地貌、构造及地表松散堆积物的存在与否关系密切。

2.1.3.2 松散岩类孔隙水

库区东部松散岩类孔隙水也可分为两大类型(或两大层):一类为第四系松散岩类(主要是砂卵石层)孔隙水,另一类为上第三系地层孔隙(裂隙)水。

1)第四系松散岩类孔隙水

上部第四系松散岩类(主要是砂卵石层)的地下水以潜水为主,在南岸Ⅱ级阶地后缘具有微承压性质。黄河Ⅰ、Ⅱ级阶地及漫滩地区,其下部广泛分布有砂卵石层,为该区最主要的含水层,厚度一般为 20~30 m。含水层结构疏松,透水性大,为中等到强透水层,地下水较丰富。漫滩区水位埋深 1 ~ 10 m，Ⅰ、Ⅱ级阶地 10 ~ 40 m，地下水位(连地—白坡)为 130 ~ 115 m，与黄河水力联系密切，在左岸主要接受黄河水、大气降水的补给，在右岸地下水补给黄河水。

2)上第三系地层孔隙(裂隙)水

上第三系河湖相地层广泛分布于黄土台塬、Ⅱ级阶地及河床河漫滩覆盖层下部，其岩性为一套由黏土岩、砂层(岩)、卵砾石(岩)组成的多层结构地层，其透水性不均一。其中，砂层(岩)、卵砾石(岩)一般胶结较差，孔隙率高，为中等透水层，是较好的贮水构造，赋存一定的孔隙水；成岩作用较好的砂岩及黏土岩，存在微小的隐裂隙，赋存极少量的裂隙水，但总体上为弱—微透水层，可作为相对隔水层。由于沟谷深切，地下水位埋深较大。该含水层地下水以大气降水、上部第四系松散岩类孔隙水补给为主，其次为基岩裂隙水的侧向补给。

3)两层地下水的关系

位于上第三系浅部的地下水，通过上第三系地层中的砂层、卵砾石层等中等透水层与上部第四系松散岩类(主要是砂卵石层)的地下水是相互连通的，总体上可以把两层地下水看做一个相互连通的含水层，只是下部含水层极不均一，渗透系数小，透水性弱，地下水连通性较差。但由于上第三系存在相对隔水层(一般不稳定)，在基坑降水时局部形成了承压水。

2.2 工程地质条件

2.2.1 地形地貌

西霞院工程坝址区属丘陵区，地表为黄土类土覆盖，具类黄土地貌特征。黄河流向为南东向，黄河河谷呈宽浅的"凵"形，谷底宽度约 3 050 m，主河槽宽度约 600 m，平水期河水位在 120 ~ 121 m。

主河槽两侧分布有高低漫滩，滩面较宽阔。左岸漫滩宽度约 750 m，滩面高程一般为124 ~ 127 m；右岸漫滩宽 1 500 ~ 1 700 m，滩面高程一般为 123.5 ~ 126.5 m。

两岸为Ⅱ级阶地，发育基本对称。左岸阶面较平坦，宽度约 1.5 km，高程一般为145 ~ 150 m，中部稍低，两缘稍高；右岸阶面高程一般为 155 ~ 170 m，宽度 1.5 ~ 2 km，由南向北向河床方向逐渐降低。

电站厂房位于右岸滩地，其北侧安装间邻近黄河，距黄河岸边约 150 m，滩面高程一般为 124.0 ~ 124.4 m。

2.2.2 地层岩性及特征

工程近坝区的地层可分为第四系覆盖层和下伏的上第三系地层。

2.2.2.1 第四系覆盖层

工程近坝区的第四系覆盖层可分为以下 5 层：

(1)alQ_4^2：为冲积浅黄色沙壤土、砂层，局部为轻粉质壤土(统称为表部松散层)，其厚度为 2～7 m,底面高程一般为 120～122 m。分布在河床及河漫滩表部,该层经强夯处理后构成土石坝的坝基。

(2)alQ$_4^1$:为冲积砂卵石层,夹砂层透镜体,充填物多为砂粒,缺少泥质及小砾石,含砂率平均为 17.8%,卵石直径一般不超过 300 mm,卵石的磨圆度高,表面光滑。厚度一般为 12 m,底面高程 108～112 m。位于河床及河漫滩覆盖层的上部,是闸基的持力层。

(3)al + plQ$_3^1$:为冲、洪积漂石、卵石层,漂石最大直径可达 2 m,充填物多为小砾石和砂粒及少量泥质,含砂率平均为 12.3%,局部有一定的架空现象。漂石、卵石的成分以长石砂岩为主,其次为安山岩、安山玢岩等,另外还有少量的较为软弱的黏土岩等,漂石、卵石的磨圆度较高,但表面一般较粗糙,部分卵石有一定程度的风化现象。厚度一般为 12 m,底面高程为 100 m。分布在河床及河漫滩覆盖层的下部,是闸基的持力层。

(4)alQ$_2$:为冲积砂卵石层,一般呈微胶结,局部夹砂层透镜体,充填物多为砂粒,缺少泥质及小砾石,卵石直径一般不超过 300 mm,卵石的磨圆度高,表面光滑。受下伏上第三系地形及构造影响,仅在局部分布,厚度变化较大,为 0～12 m,底面高程 100～87 m。分布在河床及河漫滩覆盖层的底部,是 1$^\#$、2$^\#$机组及安装间的持力层。

(5)eolQ$_3^2$:为风积黄土类土,分布于两岸 Ⅱ 级阶地,厚度 25～35 m,底面高程 120～125 m,构成大坝的坝肩。

2.2.2.2 上第三系地层

工程区的上第三系地层属洛阳组河湖相地层,是电站厂房的主要地基。该层与第四系呈角度不整合接触。其顶面起伏不平,在基坑区揭露的顶面高程为 101.5～87.0 m。其岩性为砂、泥(岩)互层,坝址两岸无天然露头,钻孔揭露厚度约 100 m。

1)地层特点

从基坑及钻孔揭露的情况看,上第三系地层有以下主要特点:

(1)岩、土性质并存。总体上看,该地层成岩时间短,胶结程度差,岩、土性质并存,是介于岩与土之间的过渡型地层,按通俗的说法可以称为"软岩硬土"。

一方面,该地层中砂类地层的颗粒多数几乎没有胶结或连接很弱,呈散状,主要具有土的性质,但从施工开挖的情况看,该类地层还是稍有一点结构强度,又稍具岩石的一点性质,可以说"似土非土"。

另一方面,该地层中的泥岩类地层一般又有一定胶结程度,存在微结构面,具有软岩的一些特性,但泥岩类地层局部黏粒含量高,成岩作用很差,呈可塑—硬塑状,又具有土的性质,可以说"似岩非岩"。其中钙质胶结的砂岩比较坚硬,属典型岩石。

(2)岩性相变大。该类地层为河湖相地层,沉积环境比较复杂,其岩性、强度及胶结程度等在垂向及水平方向相变均比较大。

(3)强度跨度大。该类地层中的未胶结砂层和可塑状黏土基本上属土类地层,强度较低,而钙质胶结的砂岩属比较典型的岩石,强度又较高,其他地层的强度介于这两种地层之间。故该类地层的强度差别比较大,强度的跨度比较大。

(4)产状不清晰。该类地层的产状不明显,一般较难确定和量测。在 f$_{13}$ 断层上游区域,地层一般为陡倾角地层,地层产状不稳定。

(5)标志层不明显。该类地层没有容易确认的相对稳定的标志性地层,确定地层的相互关系比较困难。

（6）小构造比较发育。

2）地层分类

（1）地层类别。

从基坑开挖后揭露情况及钻孔岩芯看，上第三系地层的岩性十分复杂，概括地说有以下几种类别：未胶结（含泥、含砾）砂层、微胶结（泥质）砂层、砾砂层、砂卵（砾）石层、砂砾岩、钙质砂岩、泥质粉砂岩、粉砂质黏土岩、黏土岩、（粉质）黏土等（见表2-1）。

表 2-1　上第三系地层的类别及所处的岩、土位置

划分标准	土			过渡性地层		岩石				
				似土地层	似岩地层	$f_{rk}\leqslant5$（极软岩）	$5<f_{rk}\leqslant15$（软岩）	$15<f_{rk}\leqslant30$（较软岩）	$30<f_{rk}\leqslant60$（较硬岩）	$f_{rk}>60$（硬岩）
单轴饱和抗压强度（MPa）					泥质粉砂岩 粉砂质黏土岩 黏土岩			钙质砂岩 钙质砂砾岩		
砂土密实度	松散	中密	密实	密实—超密（稍具结构，未胶结—微胶结）						
			砂层 含泥砂层 泥质砂层 砾砂层 砂卵石层	砂层 含泥砂层 泥质砂层 砾砂层						
黏性土稠度状态	流塑—软塑	可塑	硬塑—坚硬	硬塑—坚硬（具微裂隙）						
	极少部分黏土	部分黏土及粉质黏土	部分黏土及粉质黏土	部分黏土及粉质黏土						

根据传统的岩石和土的划分标准，上述地层的绝大多数是介于岩石和土层之间的过渡性地层，其所处岩石、土的位置见表2-1。

鉴于上第三系地层的以上特点，为了对该地层有较为全面的认识，根据岩性、成岩作用及工程地质特性等分别对上第三系地层进行分类和概化。

（2）岩性分类。

由于该类地层的成因复杂,其岩性也比较复杂,根据细粒(粉粒、黏粒)含量,可将其概化为以下两大类岩性地层:

Ⅰ类地层:总称为泥(岩)类地层,该类地层颗粒组成以粉粒、黏粒为主,包括泥质粉砂岩、(粉砂质)黏土岩及(粉质)黏土等,成岩固结一般较好,一般呈坚硬—硬塑状,局部较软,接近可塑状。岩体局部夹强度较高的灰色钙质粉砂岩薄层(厚度一般为0.05~0.1 m)。由于受构造应力的作用,泥岩中小的隐裂隙发育,一般呈闭合状,裂开为镜面,多有擦痕。

Ⅱ类地层:总称为砂(岩)类地层,该类地层颗粒组成以砂粒为主,岩性以(含泥、泥质)砂层、砂岩为主,局部为砂卵石层、砾砂层,胶结程度各处不一,与颗粒的组成、级配及细粒(粉粒、黏粒)含量有关。一般情况是:泥质细砂、粉砂,轻微胶结;较纯的或含泥较少的中、细砂,基本没有胶结;在岩性转换的层面上,由于地下水的作用,往往形成厚度小于1 m的强度较高的钙质砂岩。

(3)成岩作用分类。

从开挖揭露的情况及钻孔岩芯看,除薄层强度较高的钙质胶结的砂岩、砾岩外,上第三系地层的成岩作用一般与颗粒的组成、级配有关,从总体上看,颗粒越细,颗粒级配越好,并含有一定的泥质(粉粒、黏粒),则成岩作用就越好。但如果黏粒含量显著增加,由于排水困难,固结十分缓慢,则成岩作用往往又发生改变,较纯的黏土则往往表现为硬塑或接近可塑黏土的性质。根据上第三系地层的成岩作用,可将其概化为以下两大类地层。

似土地层:包括未胶结的(含泥)中细砂层、砂卵石层、砾砂层、微胶结的(含泥)泥质细砂、粉砂及少量呈可塑—硬塑状的黏土类地层,又稍具有土的性质,成岩作用差,颗粒连接弱或没有连接,具有沉积层理,主要具有土的工程地质特性,总称为似土地层。

似岩地层:包括胶结较好的泥质粉砂岩、(粉砂质)黏土岩及钙质砂岩、砾岩等,成岩固结较好,隐裂隙较发育,主要具有岩石的工程地质特性,总称为似岩地层。

(4)工程地质分类。

根据工程地质特性及物理力学性质,将岩性及成岩作用结合起来,可将上第三系概化为以下6类地层(Ⅰ-1、Ⅰ-2、Ⅱ-1、Ⅱ-2、Ⅱ-3、Ⅱ-4)。

Ⅰ-1:泥(岩)类地层,为Ⅰ类地层中似岩类地层,成岩作用相对较好,主要包括泥质粉砂岩、粉砂质黏土岩等,多呈互层状分布,总称为泥岩类地层。

Ⅰ-2:黏土类地层,为Ⅰ类地层中的土类或似土类地层,主要包括粉质黏土、黏土,该类地层往往由于黏粒含量高,成岩作用差,呈可塑—硬塑状,镜面相对发育,分布不稳定,具有老黏土的性质,总称为黏土类地层。

Ⅱ-1:为砂类地层中的土类或似土类地层,主要为密实的(含泥)中细砂层,较纯,基本没有胶结,局部为(含砾)中粗砂、砾砂层。

Ⅱ-2:为砂类地层中的似土类或似岩类地层,主要为(含泥、泥质)粉细砂层,微胶结,较均一。

Ⅱ-3:为砂类地层中的岩石地层,是本区成岩作用最好的地层,主要为钙质中细砂岩层,局部为薄层钙质砾岩,厚度较薄(一般为$0.1 \sim 1.0$ m,局部厚度达4.45 m),分布不稳定。

Ⅱ-4:为砂类地层中的砂卵石层或砂砾石层,局部微胶结,呈透镜体分布,厚度不稳定,一般为$0.5 \sim 2.0$ m,最厚可达3.8 m。

3)地层总体分布规律

通过综合分析,地质区上第三系地层的总体分布有以下规律。

(1)地层分区:电站厂房基坑的地层产状以f_{13}断层及f_{21}断层为界,可分为两个大的区(A区和B区)。f_{13}断层下盘(下游地层)及f_{21}断层以南为A区,f_{13}断层上盘(上游地层)及f_{21}断层以北为B区。A区地层多为缓倾角地层,地层分布相对稳定;B区多为陡倾角地层,受小构造影响,地层的产状不稳定。

(2)A区地层的总体分布规律:上部为一层厚$3 \sim 9$ m的泥(岩)类地层,呈紫红色,其岩性不稳定,局部夹砂类地层;中上部为一层厚$20 \sim 25$ m的砂类地层,呈灰白色或土红色,局部夹泥岩薄层(厚$1 \sim 3$ m),在电站厂房的南部区域,该层底部往往见有钙质砂岩或砂砾岩,厚$2 \sim 4.45$ m;中部为厚$20 \sim 23$ m的砂类地层,一般呈土红色,局部夹泥岩薄层(厚$1.0 \sim 3.8$ m);中下部为一层黏土类地层,呈棕灰色,厚$7.7 \sim 13.6$ m,一般呈可塑—硬塑状;底部为砂类地层,局部含小砾石,揭露最大厚度为11.5 m,该层未揭穿。

(3)B区地层的总体分布规律:B区地层产状不稳定,多数倾向NW;断层比较发育,其岩性比较杂乱,地层分布没有明显的规律,总体上为砂类地层、泥(岩)类地层互层,以砂类地层为主,局部为砂卵石层(砂砾岩)。

4)地层分布比例统计

鉴于上第三系地层分布的不稳定性(特别是B区),空间层序不清晰,为对各类地层在不同部位的分布有更清晰的认识,对各类地层的分布比例依据钻孔揭露的厚度按不同深度、不同分区、不同部位分别进行统计。

首先统计两大类(Ⅰ类、Ⅱ类)地层在不同分区、不同深度范围的分布比例及各自亚类(Ⅰ-1类、Ⅰ-2类、Ⅱ-1类、Ⅱ-2类、Ⅱ-3类、Ⅱ-4类)的分布比例,统计结果见表2-2、表2-3;然后统计Ⅰ类地层中Ⅰ-1类、Ⅰ-2类占Ⅰ类地层厚度的比例及Ⅱ类地层中Ⅱ-1类、Ⅱ-2类、Ⅱ-3类、Ⅱ-4类占Ⅱ类地层厚度的比例,统计结果见表2-4。另外,鉴于Ⅰ-2类地层在不同机组段的分布比例不同,最后重点统计Ⅰ类地层在不同机组段的分布比例,统计结果见表2-5。

表2-2 两大类地层占地层总厚度的分布比例统计 　　　　　　　　　　　(%)

地层类别	10 m深度范围内		15 m深度范围内		30 m深度范围内	
	A 区	B 区	A 区	B 区	A 区	B 区
Ⅰ	21.1	44.8	35.9	40.6	28.9	45.3
Ⅱ	78.9	55.2	64.1	59.4	71.1	54.7

表2-3 各亚类地层占地层总厚度的分布比例统计 （%）

地层类别		10 m 深度范围内		15 m 深度范围内		30 m 深度范围内	
		A 区	B 区	A 区	B 区	A 区	B 区
I	I -1	13.78	18.91	23.69	17.90	19.13	27.95
	I -2	7.32	25.89	12.21	22.70	9.77	17.35
II	II -1、II -2	73.37	43.93	57.24	48.77	62.14	43.32
	II -3	4.58	1.55	5.45	1.84	7.68	3.39
	II -4	0.95	9.72	1.41	8.79	1.28	7.99

表2-4 I 类、II 类地层中各类地层所占厚度比例统计 （%）

地层类别		10 m 深度范围内		15 m 深度范围内		30 m 深度范围内	
		A 区	B 区	A 区	B 区	A 区	B 区
I	I -1	65.3	42.2	66.0	44.1	66.2	61.7
	I -2	34.7	57.8	34.0	55.9	33.8	38.3
II	II -1、II -2	93.0	79.6	89.3	82.10	87.4	79.2
	II -3	5.8	2.8	8.5	3.10	10.8	6.2
	II -4	1.2	17.6	2.2	14.80	1.8	14.6

表2-5 I 类地层中各类地层在不同部位所占厚度比例统计 （%）

部位	地层类别	10 m 深度范围内			15 m 深度范围内		
		A 区	B 区	A、B	A 区	B 区	A、B
安装间	I -1	61.2	58.3	60.1	61.2	39.1	50.4
	I -2	38.8	41.7	39.9	38.8	60.9	49.6
1#机组	I -1	73.5	36.1	53.5	77.3	40.7	57.7
	I -2	26.5	63.9	46.5	22.7	59.3	42.3
2#机组	I -1	71.0	19.2	43.7	72.2	20.8	46.2
	I -2	29.0	80.8	56.3	27.8	79.2	53.8
3#机组	I -1	46.0	87.8	70.9	57.6	83.5	72.3
	I -2	54.0	12.2	29.1	42.4	16.5	27.7
4#机组	I -1	71.1			67.2		
	I -2	28.9			32.8		
排沙洞	I -1	100.0			100.0		
	I -2	0.0			0.0		

从以上几个统计表可以看出,地层分布在 A 区和 B 区表现出明显不同的特点,不同深度的地层分布比例稍有差异,现对建基面以下 30 m 深度内各类地层分布比例进行分析说明。

在 A 区,Ⅰ类地层和Ⅱ类地层的分布比例分别是 28.9%、71.1%,Ⅱ类地层的分布明显多于Ⅰ类地层的分布。在Ⅱ类地层中,Ⅱ-1、Ⅱ-2 类地层分布最多,占砂类地层厚度的比例在 87% 以上,Ⅱ-3 类地层分布较多一些(占砂类地层厚度的比例达 5% ~8%),Ⅱ-4类地层分布很少(占砂类地层厚度小于 2%);在Ⅰ类地层中,Ⅰ-1 类地层分布较多(占Ⅰ类地层厚度的比例为 66.2%),占主导地位,Ⅰ-2 黏土类地层基本呈透镜体分布其中。

在 B 区,Ⅰ类地层和Ⅱ类地层的分布比例分别是 45.3%、54.7%,总体上可以称为砂、泥岩互层,砂类地层稍多一些。在砂类地层中,Ⅱ-1、Ⅱ-2 类地层分布最多,占砂类地层厚度的比例在 79% 以上,Ⅱ-4 类地层分布明显较多,占砂类地层厚度的比例达 15% ~18%,而Ⅱ-3 类地层分布很少(占砂类地层厚度一般小于 2%);在Ⅰ类地层中,Ⅰ-2 类地层在浅部分布较多(占Ⅰ类地层厚度的比例为 56% ~58%),在 2# 机组浅部分布最多,明显占主导地位。

2.2.3　地质构造

从电站厂房基坑开挖揭露的情况看,上第三系地层的小构造比较复杂,尤其是西北角(B 区)构造比较发育,主要有以下特点:

(1)不整合接触。

第四系地层(Q)与上第三系(N)地层呈角度不整合接触,不整合面起伏不平,其高程为 101 ~88 m。

(2)较大断层的分布情况。

该区发育的较大的断层有 f_{13} 断层、f_{34} 断层、f_{35} 断层及 f_{21} 断层,其中 f_{13} 断层、f_{34} 断层、f_{35} 断层三条断层均错断 Q_2 砂卵石层,走向近于平行,基本控制本区构造格局。

f_{13} 断层:为本区规模较大的断层,横穿电站厂房区,该断层的走向较稳定,基本为 NE38°,倾向 NW,倾角约 53°,断层带宽 5 ~50 cm,可见长度 100 m,充填物为泥质或断层角砾,该断层错断砂卵石层(可以看到卵石的长轴被断层错动为和断层倾向基本一致)。

受该断层控制,在其下游形成一个较大的上第三系浅槽,该槽最低高程约 87.5 m,宽约 25 m,深 5 ~7 m。

f_{34} 断层:位于电站厂房区安装间的西北角,有两个平行破裂面,该断层的走向基本为 NE40°,倾向 SE,倾角约 70°,断层带宽约 0.3 m,两侧充填断层泥。

f_{35} 断层:位于电站厂房区 1# 机组及安装间的西北角,该断层的走向基本为 NE55°,倾向 NW,倾角约 65°。

f_{21} 断层:位于电站厂房区 3# 机组,该断层的走向基本为 NE100°,倾向 NE,倾角约 60°。

(3)小断层发育情况。

基坑小断层较发育,多数发育在泥(岩)类地层中,砂类地层中很少见。从走向看共有三组:一组为近 SN 向的(350° ~10°);一组为近 WE 向的(80° ~95°),大部分倾向 NW,倾角 75° ~90°;一组为泥(岩)类走向断层(50° ~70°),倾角与岩层倾角基本一致。断层延伸的可见长度多为 5 ~ 10 m,宽度 0.5 ~ 2 cm,断距多在 30 cm 以下,断层面一般平直光滑,多见有泥膜与擦痕,充填物多为泥质与黏土岩碎屑。

(4)地层产状。

电站厂房基坑的地层产状以 f_{13} 断层为界,可分为两个大的区。f_{13} 断层下盘(下游地层)多为缓倾角地层,地层分布相对稳定,一般走向为 60° ~ 70°,倾向 NW,倾角 5° ~ 15°;f_{13} 断层上盘(上游地层)一般为陡倾角地层,倾角 30° ~ 40°,一般倾向 NW,受小构造影响,地层的产状不稳定。

2.2.4 水文地质条件

2.2.4.1 地下水类型

根据地下水的赋存条件、含水层特征,坝址区地下水可分为浅层第四系松散岩类孔隙水与深层上第三系地层孔隙(裂隙)水两种类型。

1)浅层第四系松散岩类孔隙水

浅层第四系松散岩类孔隙水主要赋存于河漫滩及两岸Ⅱ级阶地下部砂卵石层孔隙中,以潜水为主,在南岸Ⅱ级阶地后缘具有微承压性质。

坝址区黄河水位一般为 120 ~ 121 m,左岸地下水位低于河水位,左岸河漫滩部位由黄河向Ⅱ级阶地方向,地下水位逐渐降低,至Ⅱ级阶地部位水位一般为 112 ~ 114 m,主要接受黄河水的补给。

右岸地下水位普遍高于河水位,主要接受邙山地下水及大气降水补给;在右岸河漫滩部位,地下水位一般为 120 ~ 122 m,在Ⅱ级阶地前缘附近,地下水位一般为 118 ~ 119 m,向阶地后缘方向,水位逐渐抬高。

2)深层上第三系地层孔隙(裂隙)水

坝址区上第三系地层,岩性主要为砂(岩)类地层与泥(岩)类地层互层,其中的泥(岩)类地层基本为相对隔水层,但其中砂类地层,尤其是未胶结的中细砂层、砂卵石层,孔隙率高,胶结程度差,渗透性较大,赋存一定的孔隙水,主要接受上部浅层第四系松散岩类孔隙水的补给。

2.2.4.2 岩层的透水性

1)砂卵石层的透水性

从基坑开挖揭露的情况看,由于第四系不同年代的砂卵石层在成因、颗粒级配及含砂率、含泥率等方面均呈现不同的特点,其渗透性也不尽相同,根据右岸漫滩以往钻孔抽水试验、试坑注水试验成果(见表 2-6),结合基坑排水情况及工程经验,提出该区不同砂卵石层的渗透系数(见表 2-7)。根据计算成果,则第四系砂卵石层的平均渗透系数取 20 ~ 30 m/d。

表 2-6　砂卵石层渗透试验成果

试验方法	试验层位	试验组数(组)	渗透系数(m/d)
钻孔抽水试验	$Q_4^2 + Q_3^1$	2	22.9 ~ 23.4
试坑注水试验	Q_4^2 表部	3	2.1 ~ 2.7

表 2-7 砂卵石层渗透系数建议值

层位	渗透系数(m/d)	平均厚度(m)
alQ_4^2	$5 \sim 15$	12
$al + plQ_3^1$	$40 \sim 50$	12
alQ_2	$5 \sim 10$	5
平均渗透系数(厚度加权)	$19.5 \sim 28.6$	
平均渗透系数建议值	$20 \sim 30$	

2)上第三系地层的透水性

(1)渗透性分类。

从开挖后揭露的情况看,不同类地层的透水性差异较大,根据其透水性强弱,可将上第三系概化为以下三类地层。

微—极微透水层:主要包括胶结较好的泥质粉砂岩、(粉砂质)黏土岩、(粉质)黏土及钙质砂岩、砾岩等,即 I -1、I -2、II -3 类地层。

弱透水层:主要包括微胶结的(含泥、泥质)粉细砂层,即 II -2 类地层。

中等透水层:包括未胶结的(含泥)中细砂层、砂卵(砾)石层、粗砂或砾砂层透镜体,即 II -1、II -4 类地层。

(2)渗透试验及渗透系数。

为了解上第三系地层的透水性,分别进行了室内土工试验、试坑渗水试验及钻孔涌水试验等不同方法的渗透试验,试验成果见表 2-8。

根据上第三系地层渗透试验成果(见表 2-8),并结合工程经验,提出上第三系地层的渗透系数(见表 2-9),并根据不同透水层的比例,计算出其平均渗透系数。根据计算成果,则上第三系地层砂类地层的平均渗透系数取 $1 \sim 2$ m/d。

表 2-8 上第三系地层渗透试验成果

试验方法	地层类别	试验组数(组)	渗透系数			
			单位	最小值	最大值	平均值
室内土工试验	II -1 类	17	cm/s	4.90×10^{-5}	1.68×10^{-3}	3.40×10^{-4}
			m/d	0.042	1.452	0.294
	II -2 类	22	cm/s	1.78×10^{-6}	5.02×10^{-4}	1.15×10^{-4}
			m/d	0.002	0.434	0.099
试坑渗水试验	II 类	10	cm/s	1.21×10^{-4}	4.95×10^{-3}	1.49×10^{-3}
			m/d	0.105	4.277	1.287
钻孔涌水试验	II -1 类	16	cm/s	1.20×10^{-4}	1.99×10^{-3}	1.13×10^{-3}
			m/d	0.10	1.72	0.98

表 2-9　上第三系地层渗透系数建议值

地层类别	渗透系数(m/d)
弱透水层(Ⅱ-2 类)	0.05 ~ 0.1
中等透水层(Ⅱ-1 类)	1.5 ~ 3
砂类地层平均渗透系数建议值	1 ~ 2

3)上第三系地层孔隙(裂隙)水初步分析

(1)上第三系地层地下水局部承压性的初步分析。

本次补充勘察的部分钻孔出现涌水现象,上第三系地层地下水局部表现出承压性质,分析原因主要是与上第三系地层的结构特征有关。概括地说,上第三系地层由微—极微透水的泥岩层、钙质砂岩薄层与弱透水—中等透水的砂层两大类不同透水性质的地层组成,总体上呈互层分布。微—极微透水的泥岩层、钙质砂岩薄层可以看做相对隔水层,而不同层位的弱透水—中等透水的砂层就形成多层含水层,并且与上部第四系砂卵石层在不同部位相连,主要接受上部砂卵石层中地下水的补给,形成一个相互连通的储水体系。故此,总体上可以把两层地下水看做一个相互连通的含水层,只是下部含水层极不均一,透水性弱,地下水连通性较差,并且由于上第三系地层中的泥(岩)类地层、钙质砂岩可以构成相对隔水层(一般不稳定),故可以在局部形成层间承压水。

(2)与浅层第四系松散岩类孔隙水的关系。

在坝址区,位于上第三系浅部的地下水,通过上第三系地层中砂层、卵砾石层等弱—中等透水层与上部第四系松散岩类(主要是砂卵石层)的地下水相互连通,主要接受上部砂卵石层地下水的补给,存在基本相同的地下水位。

由于基坑开挖降水的影响,在基坑周边形成较大的地下水降落漏斗,最大降深约27 m,故观测的承压水位就不尽相同。在 A 区,从不同层位承压水的水文地质观测中可以看出,承压水的水头与层位埋深有关,层位越深,承压水头就越高。浅层承压水的承压水头较低,一般不超过 10 m,承压水位一般为 98 ~ 105 m,与基坑边坡地下水逸出点附近的地下水位比较接近,说明浅层承压含水层在基坑边坡比较近的范围内就与上部砂卵石层中的地下水相连通。而较深层位的承压含水层由于延伸的距离远,在稍远的地方(基坑边坡外围)才与上部砂卵石层中的地下水相连通,承压水头就相对较高,最高为 115 m,但也没有超过上部砂卵石层的地下水位,这也反映上第三系地层中的地下水与上部砂卵石层中的地下水相连通,无其他高水位补给源,没有高承压性质。在 B 区,承压水位也没有超过上部砂卵石层的地下水位,说明虽然受构造的影响,承压水含水层也在某一地方与上部砂卵石层相连,没有高水位补给源,承压水没有高承压性质。

第3章 电站基础现场及室内试验成果和地质参数确定

3.1 初步设计报告对电站坝段工程地质的评价

3.1.1 岩体的特性

根据地质勘探资料,坝址区基岩节理裂隙少见,且呈闭合状,结构面不发育。由于场区内软岩的胶结程度差,且埋置于地面以下 26 ~ 32 m,从勘探资料看,取出的岩芯虽呈柱状,但大部分较松散,从室内岩石试验成果来看,岩石的物理力学性质从上至下没有明显的差异。从以往 36 个钻孔、4252 段纵波波速结果来看,纵波波速位于 1 600 ~ 2 300 m/s 范围内,一般为 1 800 ~ 2 200 m/s,随深度变化不明显,总体来看,岩体不存在明显的风化界面。

综上所述,坝址区基岩不存在明显的软弱结构面和风化界面,从上到下岩石的强度相差不大,其物理力学性质与相应土类更为接近,因此可将坝址区基岩视为类均质体,其物理力学性质指标宜按土工试验成果取值。

3.1.2 初步设计阶段的部分参数

3.1.2.1 承载力

上第三系软岩均埋藏于深厚覆盖层之下,无法进行现场载荷试验。因此,根据《水利水电工程地质勘察规范》(GB 50287—99),并参考《建筑地基基础设计规范》(GB 50007—2011),主要依据原位测试成果,综合考虑,电站厂房地基软岩承载力标准值(特征值)可取 400 kPa。但局部松软岩体的承载力可能达不到 400 kPa,不能满足地基承载力的要求,应进行加固处理,以确保电站基础的稳定。

3.1.2.2 沉陷变形

岩石的变形试验主要针对"脆性变形"的岩石,而电站厂房地基软岩为"柔变",大部分不能进行岩石变形试验。因此,建议变形稳定计算可暂按土工试验指标,采用固结试验 $e \sim p$ 曲线平均值。

3.1.2.3 抗滑稳定

鉴于电站厂房软岩的特殊性,上部岩体更具有土的工程特性。因此,参照《水利水电工程地质勘察规范》(GB 50287—99),混凝土与各地层间的摩擦系数可采用坝、闸基础底面与地基土之间的摩擦系数,抗滑稳定验算建议采用纯摩擦。建议黏土岩与混凝土的摩擦系数取 0.30 ~ 0.35,粉砂岩(疏松)与混凝土的摩擦系数取 0.35 ~ 0.40,砂岩、砂砾岩(疏松)与混凝土的摩擦系数取 0.45。

根据软岩土工试验结果,同时参照《水利水电工程地质勘察规范》(GB 50287—99)附录 D,建议软岩岩体的抗剪强度为:内摩擦角取标准值为 22°,黏聚力取 5 kPa。

3.1.3　基岩透水性

根据压水试验资料,坝址区基岩透水率为 0.1~10 Lu,多数为 1~10 Lu,为弱透水层,局部为微透水层。

3.1.4　电站基础的建议

电站基础软岩相变较大,下一步应进一步查清软岩的分布规律和工程地质特性,并建议在施工开挖后进行载荷试验、直剪试验及回弹观测等,以获得较为可靠的参数。

3.2　电站厂房段工程地质审查意见及专家评价意见

3.2.1　电站厂房段工程地质审查意见

水利部文件(水总[2003]477 号),对《黄河小浪底水利枢纽配套工程——西霞院反调节水库初步设计报告审查意见》中关于电站厂房段工程地质的审查意见如下:

电站厂房坝段坝基为第三系黏土岩和粉砂岩,已有资料表明,该地层具有岩性极软弱、胶结较差和水平方向相变大等特点。由于该层被河床覆盖层所覆盖,取样、试样困难,且代表性差,为了进一步复核其主要地质参数和优化设计,机坑开挖后应进行现场试验和测试工作。

3.2.2　专家对电站厂房段工程地质的评价意见

电站坝段地基于 2004 年 5 月 6 日开挖至建基面保护层高程(92~95 m),根据揭露的地质情况,电站厂房地基主要为上第三系地层。上第三系黏土(岩)与散(微胶结)砂层互层,并被多条断层切割,该地层的性质十分特殊,其显著特点是:成岩时间短,强度低,相变大,岩、土性质并存,在卸荷条件下或开挖暴露后受环境条件(特别是水环境)的影响,其工程地质特性容易发生变化。无论层次或产状等均较杂乱,砂层为透水层,而黏土岩为相对隔水层,形成了比较复杂的水文地质条件。水利部小浪底水利枢纽建设管理局于 2004年 6 月 7~9 日在小浪底工地召开了黄河西霞院反调节水库电站坝段地基处理专家咨询会,专家对电站厂房段工程地质条件及主要地质参数的评价意见如下:

(1)对电站坝段工程地质条件的评价。

根据基坑开挖情况,电站坝段地基主要为上第三系黏土岩、中细砂层、钙质砂岩和第四系砂砾石层,其中上第三系地层成岩作用差,胶结弱,强度极低,在水平和垂直方向上相变大,具有土—极软岩的性质。加之坝基地层中断层构造发育,致使地层产状变化大,接触关系复杂。因此,电站坝段工程地质条件极为复杂,应慎重对待。

根据已有断层活动性测年资料和外围地质背景综合分析,电站坝段发育的断层不属于活动性断层。

(2)对主要地质参数的评价。

专家组认为,坝基地质参数的选取应以大型现场试验和原位测试成果为基础,结合室内试验成果、地层的具体组合和性状、工程经验和类比综合确定。设计单位基于已完成的试验资料和对地质条件的认识,提出的主要地质参数基本合适,可作为现阶段地基处理设计的依据,最终地质参数还需在全部地质勘察和试验工作完成后,经进一步分析研究确定。

3.3　电站基础开挖揭露后与初步设计认识上的差异

西霞院工程电站厂房地基主要为上第三系地层,该地层的性质十分特殊,且埋藏于深厚覆盖层(20~30 m)之下,而国内外也缺少可以借鉴和参考的经验。仅靠钻孔样品所取得的资料难以反映实际情况。因此,在对上第三系地层的认识上存在差异,在基坑开挖后,经过在该地层进行的大量工作,对上第三系地层有了更深入的了解和认识,对初步设计阶段认识上存在差异主要有以下几个方面。

3.3.1　地质构造

在初步设计阶段根据钻孔岩芯判断,上第三系地层以紫红色(泥质)粉砂岩与(粉砂质)黏土岩互层为主,局部夹薄层灰黄色钙泥质砂岩。从钻孔岩芯来看,未发现断层迹象和高倾角层面。

电站厂房基坑揭露后,发现上第三系地层的小构造比较复杂,尤其是西北角构造比较发育,小断层较多,从特点看,多数发育在泥岩类地层中,砂类地层中很少见。从走向看共有三组:一组为近 SN 向的(350°~10°);一组为近 WE 向的(80°~95°),大部分倾向 NW,倾角75°~90°;一组为泥(岩)类走向断层(50°~70°),倾角与岩层倾角基本一致。断层延伸的可见长度多为 5~10 m,宽度 0.5~2 cm,断距多在 30 cm 以下,断层面一般平直光滑,多见有泥膜与擦痕,充填物多为泥质与黏土岩碎屑。根据年龄鉴定,断层的活动年龄为16.3 万~22.1 万年,按《水利水电工程地质勘察规范》(GB 50287—99)的判别标准,该断层不属于活动性断层。

3.3.2　上第三系地层的透水性

在初步设计阶段根据钻孔压水试验资料,基岩吕荣值一般为 1~5 Lu,属微—弱透水层。

从开挖后揭露的情况看,不同类地层的透水性差异较大,根据其透水性强弱,可将上第三系概化为 3 类:①微—极微透水层:主要包括胶结较好的泥质粉砂岩、(粉砂质)黏土岩、(粉质)黏土及钙质砂岩、砾岩等;②弱透水层:主要包括微胶结的(含泥、泥质)粉细砂层;③中等透水层:包括未胶结的(含泥)中细砂层、砂卵(砾)石层、粗砂或砾砂层透镜体。

3.3.3　上第三系地层的不均匀性

在初步设计阶段,由于对(含泥)中细砂层(没有胶结)利用钻孔取样扰动性较大,试验成果较难反映其真实性,同时对地质构造难以判断,所以认为"坝址区基岩不存在明显的软弱结构面和风化界面,从上到下岩石的强度相差不大,其物理力学性质与相应土类更为接近,因此可将坝址区基岩视为类均质体,其物理力学性质指标宜按土工试验成果取值"。

从开挖揭露后的情况看,上第三系地层主要有岩、土性质并存,岩性相变大,强度跨度大,产状不清晰,标志层不明显,小构造比较发育及具有一定的不均一性等特点。

根据水规总院对初步设计的审查意见(水总[2003]477号)及现场开挖情况,黄河勘测规划设计有限公司在2004年3~7月对上第三系地层开展分析研究工作,主要包括施工开挖后进行现场地质测绘、大型现场试验(静力载荷试验、现场直剪试验、现场回弹变形观测)、原位测试(标准贯入试验、静力触探测试和综合测井等)钻孔取样及室内试验等。在现场试验过程中,由业主单位主持召开了黄河西霞院反调节水库电站坝段地基处理专家咨询会,根据专家意见又补充了旁压试验等试验,完成的主要试验工作详见表3-1。

表3-1　现场试验等基础工作工作量汇总

	项目	单位	数量	说明
现场试验	静力载荷试验	组	9	
	大型剪切试验	组	5	地层岩土体3组,岩土体与混凝土接触面2组
	回弹变形观测	组	3	因现场施工破坏试验未进行
原位测试	波速测试	点	75	面波剖面测试
	静力触探测试	m/孔	7.0/4	根据岩芯的实际情况布置
	标准贯入试验	次/孔	172/16	
	旁压试验	点/孔	30/4	
	综合测井	m/孔	235.1/5	
	注水试验	组	10	
	现场密度、含水率	组	36	
室内试验	密度、含水率、比重	组	71	物理力学性质指标、颗分、界限含水率
	颗分	组	70	
	液塑限	组	21	
	相对密度	组	41	
	黏土矿物分析	组	15	
	黏土化学分析	组	19	
	自由膨胀率	组	14	泥岩类地层样品
	膨胀力试验	组	14	
	膨胀率试验	组	14	
	三轴压缩试验	组	37	CU试验及少量CD试验
	直剪试验	组	41	
	无侧限抗压强度	组	15	
	高压固结试验	组	61	包括卸荷回弹试验
	高压回弹试验	组	41	
	弹性模量试验	组	11	
	渗透试验	组	31	
	渗透变形试验	组	6	大直径环刀取样
	岩石常规	组	12	根据实际情况确定试验项目
	中型剪	组	7	泥岩样品
	年龄鉴定	组	9	砂卵石层及断层带样品

项目		单位	数量	说明
勘探	软岩钻孔	m/孔	921/24	取软岩样品及标准贯入试验等
取样	钻孔岩芯样	组	40	
	基坑方块样	组	42	包括环刀样

3.4 现场试验及主要成果

3.4.1 现场静力载荷试验及成果

3.4.1.1 载荷试验方法

1）试验依据

本次试验按照《水利水电工程岩石试验规程》（SL 264—2001）和《土工试验规程》（SL 237—1999）中平板载荷试验的各条规定进行的。

2）试验布置及试件的制备

根据设计和地质部门对现场试验要求,载荷试验试点分布在厂房基坑的安装间,2#、3#、4#机组以及闸基和右挡墙部位,试验位置的高程在 93.0 ~ 117.0 m。试验共设置 9 点,其中黏土岩层 2 点,砂层 3 点,砂砾石层 4 点,分布情况见表 3-2。

表 3-2 载荷试验分布情况

试件编号	部位	高程（m）	岩性	说明
ZH1	3#机组	95.0	黏土岩	
ZH2	2#机组	99.8	砂砾石	薄层
ZH3	4#机组	94.5	砂	
ZH4	闸基	113.5	砂砾石	厚层
ZH5	闸基	106.0	砂砾石	夹砂层
ZH6	2#机组	94.0	黏土岩	
ZH7	3#机组	94.5	砂	
ZH8	安装间	94.0	砂	
ZH9	右挡墙	117.0	砂砾石	人工回填

在设计和地质部门指定进行整平场地,在清除受扰动的表层后开挖试坑（深 50 ~ 150 cm）。开挖试坑的底面宽度满足不小于 3 倍承压板边长,对于 70 cm × 70 cm 及 100

cm ×100 cm 方形承压板,试坑开挖尺寸分别为 400 cm ×300 cm 和 450 cm ×350 cm。承压板下和承压板以外1.5倍承压板边长范围内岩体(砂或砂砾石)表面要加凿平整。对于试件制备完成后不能及时试验的试件进行养护,防止试件失水。

在 3# 和 4# 机坑的 ZH3 和 ZH7 试点处水位较高,通过周边井点降水后开挖试坑,降水后的水位距试件表面有 30 ~55 cm 高差。ZH5、ZH6、ZH8 处的水位略高于试件表面,试验时采用局部抽排水方式降水,试件基本处于饱和状态。

3.4.1.2 试验仪器设备及安装

1)反力装置及试验仪器设备

鉴于现场载荷试验试点均处于露天位置,其加载所需要的反力装置采用搭建钢支撑平台堆载砂袋方式。钢支撑平台主梁为 3 ~4 根长 3 m 或 6 m 的 30B 型Ⅰ型钢梁(加强),次梁为 6~9 根长 6 m 的 30B 型Ⅰ型钢梁,堆载重量为设计或预估最大加载荷重的1.5倍。钢支撑平台搭建在保证安全前提下,要基本准确地预估到钢支撑平台的沉降量,并设计好钢支撑平台与加压系统预留空间,避免由于钢支撑平台的沉降量过大造成堆载重量完全加载在地基上,以及预留空间过大造成试验过程中千斤顶活塞行程不够。

现场载荷试验加压系统采用具有良好稳压效果的液压荷载源,其设备主要包括 50 cm ×50 cm、70 cm ×70 cm 和 100 cm ×100 cm 方形刚性承压板,100 t 和 300 t 液压千斤顶与油泵,以及刚性垫板和传力柱等。测量系统包括基准梁、USB 数据采集系统和位移传感器、磁性表架、16 ~60 MPa 压力表、30 ~50 mm 百分表,以及 UPS 不间断电源等。

2)试验仪器设备安装

所有的试验设备在进场前均进行了严格的检查,确保试验设备能正常运行。量测仪器按照计量认证的要求进行送检,液压千斤顶已按照规程要求进行率定。加压系统及测量系统安装分别见图3-1及图3-2。

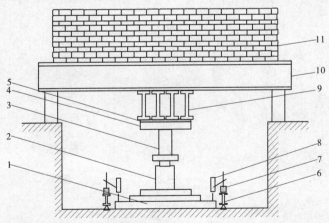

1—承压板及垫板;2—加荷千斤顶;3—传立柱;4—顶板;5—水泥砂浆;6—基准梁;

7—磁性表架;8—位移传感器;9—主梁;10—次梁;11—堆载荷重

图 3-1 载荷试验加压系统安装示意图

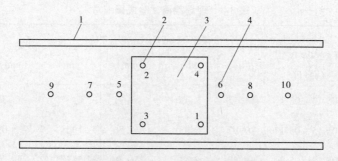

1—基准梁;2—测表;3—承压板;4—测表编号

图 3-2 载荷试验测表安装示意图

3.4.1.3 现场载荷试验

根据千斤顶率定曲线及承压板面积,计算每级荷载下的压力表读数。各项准备工作就绪后,进行初始稳定读数观测,每隔 10 min 读数一次,连续三次读数不变后开始施加荷载,对不同加载对象采用相应规范的试验方法和程序进行。

3.4.1.4 载荷试验成果

1)变形模量的弹性理论解

各级压力下变形模量采用方形承压板计算公式

$$E_{0i} = 0.89(1 - \mu^2) a \frac{p}{S} \tag{3-1}$$

式中 E_{0i}——对应于施加压力的变形模量,kPa;

μ——泊松比;

a——承压板的边长,cm;

p——施加的压力,kPa;

S——对应于施加压力的沉降量,cm。

在荷载小于或等于 p_0($p \sim S$ 曲线比例界限)时地基的变形不大,可以把地基作为直线变形体(或近似弹性体),用弹性理论来分析压力与变形的关系,其变形模量 E_0 的弹性理论解为

$$E_0 = 0.89(1 - \mu^2) a \frac{1}{K} \tag{3-2}$$

式中 E_0——直线段变形模量,kPa;

K——$p \sim S$ 曲线直线段斜率,$K = \frac{S}{p}$。

变形模量计算参数泊松比 μ 的取值是由地质部门提供的,黏土岩、砂砾石和砂的取值分别为 0.30、0.25、0.30。

2)各个试点的试验成果

ZH1～ZH9 载荷试验成果汇总见表 3-3。

表 3-3 中提供的变形模量值为 $p \sim S$ 曲线中直线段(一般在比例界限前)的弹性理论解,其中斜率 K 采用回归直线方程进行计算(设定回归直线方程通过坐标原点)。各个试点直线段(或近似直线段)的范围及对应 K 值见表 3-4。

表3-3 现场载荷试验成果汇总

试点编号	岩性	试验日期 （2004年） （月-日）	历时 （h）	最大荷载 （kPa）	最大沉降 （mm）	最大回弹 （mm）	残余沉降 （mm）	直线段变形 模量（kPa）
ZH1	黏土岩	05-13～05-15	44.13	1 400	−5.91	2.57	−3.34	202 475
ZH2	砂砾石	05-15～05-17	29.92	1 400	−4.56	1.48	−3.09	231 771
ZH3	砂	05-18～05-20	38.80	600	−19.94	5.20	−14.74	56 693
ZH4	砂砾石	05-22～05-24	28.77	1 000	−4.14	1.97	−2.16	189 631
ZH5	砂砾石	05-28～05-29	23.72	1 000	−3.36	1.77	−1.58	225 507
ZH6	黏土岩	06-13	13.13	600	−24.43	3.24	−21.19	38 049
ZH7	砂	06-14～06-16	44.00	650	−34.60	6.48	−28.12	34 152
ZH8	砂	06-17～06-22	111.20	1 200	−40.40	0.96	−39.44	55 855
ZH9	砂砾石	06-25～06-27	45.92	1 000	−11.56	1.59	−9.97	76 548

表3-4 各个试点直线段范围及对应K值

试点编号	对应p轴直线段范围（kPa）	K值
ZH1	0～950	0.000 28
ZH2	0～1 400	0.000 36
ZH3	0～350	0.001 00
ZH4	0～1 000	0.000 44
ZH5	0～1 000	0.000 37
ZH6	0～500	0.001 49
ZH7	0～600	0.001 66
ZH8	0～900	0.001 45
ZH9	0～900	0.001 09

3.4.1.5 极限承载力的确定

根据《水利水电工程岩石试验规程》（SL 264—2001）和《土工试验规程》（SL 237—1999），参照《建筑地基基础设计规范》（GB 50007—2011）及《岩土工程试验监测手册》中

载荷试验有关极限强度的定义,按照下列方法综合分析确定:

(1)$p \sim S$ 曲线发生明显陡降的起点(第二拐点)所对应的强度。

(2)取 $S \sim \lg t$ 曲线尾部出现明显向下弯曲的前一级强度。

(3)取 $S \sim \lg p$ 曲线出现陡降直线段的起始点所对应的强度。

(4)对于岩体(或砂砾石)未能达到破坏,但荷载已经达到工程设计压力的 2 倍,其强度取不小于 2 倍的工程设计压力荷载。

1)黏土岩层极限承载力的确定

黏土岩层载荷试验包括 ZH1 和 ZH6 两点,其成果见表3-5。

表 3-5　黏土岩层载荷试验极限强度汇总

试点编号	极限强度(kPa)	相应沉降量(mm)
ZH1	≥1 400	-5.91
ZH6	550	-9.14

2)砂砾石层极限承载力的确定

砂砾石层载荷试验包括 ZH2、ZH4、ZH5 和 ZH9 四点,其成果见表3-6。

表 3-6　砂砾石层载荷试验极限强度汇总

试点编号	极限强度(kPa)	相应沉降量(mm)
ZH2	>1 400	-4.56
ZH4	>1 000	-4.14
ZH5	>1 000	-3.36
ZH9	>1 000	-11.56

3)砂层极限承载力的确定

砂层载荷试验包括 ZH3、ZH7 和 ZH8 三点,其成果见表3-7。

表 3-7　砂层载荷试验极限强度汇总

试点编号	极限强度(kPa)	相应沉降量(mm)
ZH3	550	-8.24
ZH7	600	-9.83
ZH8	1 150	-23.23

3.4.2 现场大型剪力试验及成果

西霞院工程电站厂房地基进行了 5 组现场大型剪力试验,试验情况见表 3-8。

表 3-8 抗剪试验基本情况

组别	岩性	试验部位	组数	点数
JQ1	(粉砂质)黏土岩本身	3#机坑中部	1	6
JQ2	混凝土与(粉砂质)黏土岩接触面	3#机坑中部	1	5
JQ3	混凝土与密实砂层接触面	4#机坑下游	1	5
JQ4	密实砂层本身	4#机坑下游	1	5
JQ5	泥质微胶结砂层	3#机坑上游	1	5

3.4.2.1 试验地层岩性

现场大型剪切试验地层岩性为黏土岩(粉砂质)、密实砂层、微胶结砂层三种,其特征如下:

(1)黏土岩(粉砂质):成岩固结较好,一般呈坚硬—硬塑状,局部较软,接近可塑状。岩体局部夹强度较高的灰色钙质粉砂岩薄层(厚度一般为 0.05~0.1 m)。由于受构造应力的作用,岩体中小的隐裂隙发育,一般呈闭合状,裂开为镜面,多有擦痕。

(2)密实砂层:中砂质纯,基本没有胶结,呈散状。

(3)微胶结砂层:泥质粉细砂,微胶结。

3.4.2.2 试验方法

黏土岩(粉砂质)的试验(JQ1、JQ2)是按照《水利水电工程岩石试验规程》(SL 264—2001)中的有关规定执行的。试验采用平推法进行现场岩体天然含水状态下的快剪试验。剪切面积为 100 cm×100 cm,最大法向应力为 560 kPa。

砂层中的试验(JQ3~JQ5)是按照《土工试验规程》(SL 237—1999)中的有关规定执行的。试验采用平推法进行饱和状态下固结快剪试验。剪切面积为 70.7 cm×70.7 cm,最大法向应力密实砂层为 300 kPa,微胶结砂层为 400 kPa。

3.4.2.3 试验程序

1)黏土岩本身以及混凝土与黏土岩接触面试验程序(JQ1、JQ2)

(1)试件制备。

岩体试件制备:首先在试验部位通过开挖探槽探明预定剪切面的具体位置,然后去掉扰动层,将岩体加工成 100 cm×100 cm×65 cm(长×宽×高)的试体。

混凝土试件制备:首先将扰动岩体清除,在预定的剪切位置用手工小锤、小手钎将岩体加工成 100 cm×100 cm 的平整试面,其起伏差控制在 1~2 cm,然后在其上浇筑

100 cm×100 cm×68 cm 的混凝土试件。混凝土设计强度等级为 C10。

（2）仪器设备的安装。

仪器设备的安装包括法向载荷系统安装、剪切载荷系统安装和测量系统安装三部分。在完成堆载平台搭建后进行法向和剪切载荷系统安装，安装示意图见图 3-3。安装先后顺序分别为法向系统、剪切系统和测量系统。加载系统的安装要确保法向荷载与剪切荷载的合力作用点位于剪切面中心。

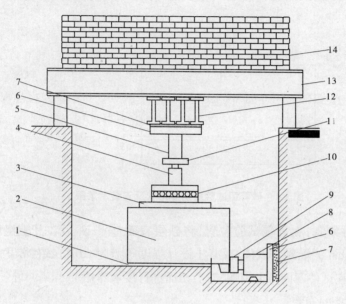

1—剪切缝；2—试件；3—承压板及钢材；4—法向千斤顶；5—传力柱；
6—钢垫板；7—水泥砂浆；8—剪向千斤顶；9—舌头板；10—滚珠排；
11—变接头；12—基准梁；13—次梁；14—堆载荷重

图 3-3　剪切试验安装示意图

（3）法向荷载的施加。

按最大法向应力 560 kPa 等分 4 级分配给同一组每个试件上，对每个试件法向荷载的施加，按所分配法向荷载分 5 级施加，其方法为每隔 5 min 施加一级，加至最后一级荷载后，仍按每 5 min 测读一次，当连续两次法向位移之差不大于 0.01 mm 时，可施加剪向荷载。

（4）剪切荷载的施加。

预估剪切面的摩擦系数 $f=0.6$，剪切荷载按预估最大值等分 10 级进行施加。剪切荷载采用时间控制，每隔 5 min 加载一级，当剪切位移增量为前级位移增量的 1.5 倍时，将级差减半。要求剪切过程中法向荷载应始终保持常数，峰值前不得少于 10 组读数。试件被剪断时测读剪切荷载峰值，并继续施加剪切荷载，测出基本为恒定值的剪切应力，即残余抗剪强度，直至剪切位移达到 1.5 cm 以上。

2)砂层本身以及混凝土与砂层接触面试验程序(JQ3～JQ5)

(1)试件制备。

砂层本身试件制备:在预定试验位置,将上下剪切盒压入砂层中,边压入砂层边削去剪切盒外面的砂,直到上盒底部至预定剪切位置。剪切盒与试样之间的孔隙用细砂填实,上下盒之间预留1 cm的剪切缝。剪切盒内尺寸为70.7 cm×70.7 cm,上盒高30 cm,下盒高15 cm。剪切盒形状及安装示意见图3-4。剪切盒安好后四周打上围堰,对剪切面进行浸水养护。

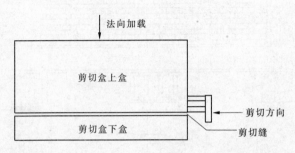

图3-4　砂剪切试验剪切盒形状及安装示意图

混凝土试件制备:在预定试验位置,将砂层表面整平,然后在其上浇筑70.7 cm×70.7 cm×30.0 cm的混凝土试件,混凝土设计强度等级为C10。试件养护7～10 d后开始试验,试验前在试件四周打上围堰,对剪切面进行浸水养护。

(2)仪器设备的安装。

仪器设备的安装包括法向载荷系统安装、剪切载荷系统安装和测量系统安装三部分。

(3)法向荷载的施加。

最大法向应力密实砂层为300 kPa,微胶结砂层为400 kPa。对每个试件法向荷载的施加,按所分配法向荷载等分3级进行施加,其方法为每隔5 min施加一级,加至最后一级荷载后,按每1 h测读一次,当法向变形达到0.01 mm/h固结稳定时,可开始剪切。

(4)剪切荷载的施加。

剪切荷载的施加采用应力控制,第一级荷载约为法向荷载的1/10,以后逐级减小,使其剪切破坏时的最后一级荷载约为法向荷载的1/20。施加剪切荷载的速率为1级/min,控制在20 min内达到剪切破坏。

3.4.2.4　试验成果

剪切试验结束以后,根据实际剪切面积,求得各级荷载下的法向应力及剪应力,绘制剪应力(τ)与剪切位移(us)以及法向位移(un)关系曲线,根据曲线取峰值强度求得各试点的抗剪断及残余抗剪强度指标,详细数据见表3-9。

通过对试验数据的分析整理,用图解法求出各组试验的抗剪强度指标(c、f),并用最小二乘法校核,其结果见表3-10。

表 3-9　西霞院工程现场大型剪切试验成果汇总

岩性	组别	含水率 (%)	抗剪断强度				残余强度				剪切面地质描述
			σ(kPa)	τ(kPa)	f	c(kPa)	σ(kPa)	τ(kPa)	$f_{残}$	$c_{残}$(kPa)	
黏土岩本身	JQ1-1	21.9	133.2	215.7			133.2	104.3			紫红色黏土岩,擦痕方向124°,最大起伏差10cm,微结构面大多闭合,局部开放,最大开孔度1mm,75%为岩体本身剪断
	JQ1-2	21	264.0	239.8			264.0	141.1			紫红色黏土岩,擦痕方向126°,最大起伏差8cm,55%为岩体本身剪断
	JQ1-3	21.2	396.1	273.2	0.41	132.2	396.1	197.5	0.38	60.4	紫红色黏土岩,擦痕方向130°,最大起伏差25cm,10%为岩体本身剪断
	JQ1-4	27.7	135.8	183.4			135.8	149.2			紫红色黏土岩,擦痕方向133°,最大起伏差15cm,40%为岩体本身剪断
	JQ1-5	29.2	405.8	255.7			405.8	185.0			紫红色黏土岩,节理裂隙发育,岩块较小,擦痕方向126°,最大起伏差13cm,全断面剪断
	JQ1-6	28.3	548.8	401.4			548.8	305.3			以灰黄泥质粉砂岩为主,夹紫红色黏土岩条带团块,局部为紫红色黏土岩,擦痕方向125°,最大起伏差23cm,全断面剪断
混凝土与黏土岩接触面	JQ2-1	19.8	140.7	177.3			140.7	103.2			紫红色黏土岩,全断面均分布有擦痕,擦痕方向131°,最大起伏差4cm,一般2cm
	JQ2-2	22.8	279.0	297.7			279.0	194.7			紫红色黏土岩,全断面有明显擦痕,擦痕方向131°,剪切面略显平整,最大起伏差2cm,一般1cm左右
	JQ2-3	23.2	430.7	438.1	0.76	72.8	430.7	236.2	0.55	30.4	紫红色黏土岩,全断面均分布有擦痕,擦痕方向132°,剪切面略显平整
	JQ2-4	20.8	419.2	340.9			419.2	283.5			紫红色泥质粉砂岩,局部夹紫红色黏土岩团块,呈零星分布,擦痕方向125°,剪切面较平整,最大起伏差2cm,大多1cm
	JQ2-5	21.9	561.5	504.4			561.5	343.6			紫红色泥质粉砂岩,中部夹紫红色黏土岩条带,占5%~10%,剪切面较平整,最大起伏差2cm,大多1cm,擦痕方向127°

续表 3-9

岩性	组别	含水率(%)	抗剪断强度 σ(kPa)	抗剪断强度 τ(kPa)	f	c(kPa)	残余强度 σ(kPa)	残余强度 τ(kPa)	$f_残$	$c_残$(kPa)	剪切面地质描述
混凝土与砂层接触面	JQ3-1	12.0	295.2	179.4			295.2	138.7			灰黄色中砂，局部夹卵砾石，粒径最大3~4cm，推力方向132°，最大起伏差5cm
	JQ3-2	13.4	221.0	159.6			221.0	115.8			褐黄色中粗砂，局部夹卵砾石，推力方向135°，最大起伏差3cm
	JQ3-3	14.2	73.7	60.5	0.47	38.4	73.7	50.5	0.41	18.6	褐黄色中粗砂，局部夹粗砂，夹零星小砾石及零星黏土块，试样面总体较平，局部有小坑，最大起伏差1.5cm
	JQ3-4	17.4	294.4	161.5			294.4	115.1			灰黄色中细砂，局部夹零星小砾石，最大粒径1.5cm，推力方向131°，试样表面呈波状起伏，最大起伏差1.5cm
	JQ3-5	16.1	148.9	119.8			148.9	75.3			灰黄色中细砂，局部夹粗砂及零星小砾石，最大粒径1cm，推力方向132°，试样具有层面，产状走向120∠20°，试面东南角有一9cm×6cm的卵砾石，最大起伏差5cm
密实砂层	JQ4-1	11.1	300.1	132.0			300.0	111.5			密实中细砂层，无胶结，剪切面未翻开
	JQ4-2	21.0	225.0	140.6			225.0	132.5			
	JQ4-3	13.8	150.0	114.3	0.45	38.3	150.0	103.4	0.41	38.1	
	JQ4-4	18.0	75.0	66.5			75.0	65.8			
	JQ4-5	17.3	300.1	170.8			300.0	158.8			
微胶结砂层	JQ5-1	16.6	400.2	285.9			400.2	250.4			微胶结泥质粉细砂，剪切面未翻开
	JQ5-2	17.8	75.0	106.3			75.0	69.4			
	JQ5-3	18.4	151.6	133.8	0.56	54.3	151.6	115.0	0.54	26.9	
	JQ5-4	12.2	225.0	170.6			225.0	139.6			
	JQ5-5	13.2	300.1	217.9			300.1	179.5			

表 3-10　剪切试验结果

组别	岩性	抗剪断(峰值)强度		残余强度	
		f	$c(\text{kPa})$	$f_{残}$	$c_{残}(\text{kPa})$
JQ1	(粉砂质)黏土岩本身	0.41	132.2	0.38	60.4
JQ2	混凝土与(粉砂质)黏土岩接触面	0.76	72.8	0.55	30.4
JQ3	混凝土与密实砂层接触面	0.47	38.4	0.41	18.6
JQ4	密实砂层本身	0.45	38.3	0.41	38.1
JQ5	泥质微胶结砂层	0.56	54.3	0.54	26.9

3.5　原位测试的主要内容及成果

3.5.1　标准贯入试验

由于上第三系地层介于岩石和土之间,地层均一性差,标准贯入击数离散性很大,标准贯入的贯入情况有较大差别,因此进行了大量的标准贯入试验。标准贯入试验情况概括起来有以下三种类型。

(1)第一种类型:在贯入 15 cm 后再贯入 30 cm,击数不超过 50 击,为典型的标准贯入试验。该种类型在砂类地层和黏土类地层出现较多。

(2)第二种类型:在贯入 15 cm 后,击 50 击还没有贯入 30 cm,击数已超过 50 击,为可以折算的标准贯入试验。该种类型在砂类地层和黏土类地层均有出现。

(3)第三种类型:连最初的 15 cm 也贯不进去。该种类型在泥岩类地层中出现较多。该类型试验可以定性判别地层的坚硬或胶结程度。

鉴于上述情况,标准贯入的统计比较困难。为此,首先统计标准贯入击数超过 50 击所占的比例,再统计不超过 50 击和不超过 75 击的最小值、平均值及小值平均值,并统计经杆长修正后的数据;其次考虑折算后超过 75 击的击数所占的比例并不太高,为从总体上了解该区地层的特性,相对应统计不超过 75 击的统计数据,上述数据经汇总后见表 3-11。

表 3-11　标准贯入试验成果统计

地层类别	指标类别	标准贯入组数	实测击数	杆长修正击数	指标类别	实测击数	杆长修正击数
I-1	>50 击的比例(54.8%)	42			>75 击的比例(38.1%)		
	≤50 击的比例(45.2%)				≤75 击的比例(61.9%)		
	≤50 击的最大值		50	50	≤75 击的最大值	75	64.5
	≤50 击的最小值		32	22.4	≤75 击的最小值	32	22.4
	≤50 击的平均值		42.1	33.6	≤75 击的平均值	48.0	39.4
	≤50 击的小值平均值		36.9	28.4	≤75 击的小值平均值	40.2	29.5

地层类别	指标类别	标准贯入组数	实测击数	杆长修正击数	指标类别	实测击数	杆长修正击数
I-2	>50 击的比例(16.7%)	12			>75 击的比例(16.7%)		
	≤50 击的比例(83.3%)				≤75 击的比例(83.3%)		
	最大值		48	40.8	≤75 击的最大值	48	40.8
	最小值		20	19.2	≤75 击的最小值	20	19.2
	平均值		37.4	30.1	≤75 击的平均值	37.4	30.1
	小值平均值		31.0	26.0	≤75 击的小值平均值	31.0	26.0
II	>50 击的比例(40.7%)	118			>75 击的比例(15.6%)		
	≤50 击的比例(59.3%)				≤75 击的比例(84.4%)		
	≤50 击的最大值		50	44.6	≤75 击的最大值	75	72.0
	≤50 击的最小值		26	21.9	≤75 击的最小值	26.0	21.9
	≤50 击的平均值		44.0	34.1	≤75 击的平均值	50.0	39.8
	≤50 击的小值平均值		37.8	30.4	≤75 击的小值平均值	44.0	33.2

从表 3-11 中可以看出,泥(岩)类地层的标准贯入击数有 23 组超过 50 击(占 54.8%),黏土类地层的标准贯入击数有 2 组超过 50 击(占 16.7%),砂类地层的标准贯入击数有 48 组超过 50 击(占 40.7%)。总体上看,砂类地层的标准贯入击数小于泥(岩)类地层的标准贯入击数。

泥(岩)类地层小于 50 击的标准贯入击数平均值为 42.1 击,杆长修正后的平均击数为 33.6 击,说明泥(岩)类地层总体上属坚硬状态;黏土类地层小于 50 击的标准贯入击数平均值为 37.4 击,杆长修正后的平均击数为 30.1 击,说明黏土类地层总体上属硬塑—坚硬状态;砂类地层小于 50 击的标准贯入击数平均值为 44.0 击,杆长修正后的平均击数为 34.1 击,说明砂类地层总体上属密实状态。

3.5.2 旁压试验

旁压试验共进行了 30 组,试验深度均在 15 m 内,试验压力为 800 kPa。从试验的压力—水位下降($p \sim s$)曲线看,除少部分试验点(ZK25-1、ZK24-1、ZK24-2、ZK24-7)受钻孔质量的影响不能使用外,其他旁压试验点的 $p \sim s$ 曲线多不完整,也没有明显的特征点(临塑压力、极限压力),采用通常的方法对 $p \sim s$ 曲线进行倒数处理和手工外推,找出初始压力(p_0)和极限压力(p_L),确定承载力,并根据承载力推算临塑压力 p_f,计算旁压模量 E_M,最后根据经验公式计算变形模量和压缩模量。

3.5.2.1 极限压力的确定

根据 $p \sim s$ 曲线特点(载荷试验典型的 $p \sim s$ 曲线,如图 3-5 所示),除其中 3 个试验段采用手工外推法外,其余的均用倒数曲线法外推。基本方法如下:用校正后的压力和校正后的测管水位下降值,绘制出 $p \sim 1/s$ 曲线。曲线分三部分,探头的初始膨胀段(AB 段)、拟弹性变形阶段(BC 段)和塑性变形阶段(CD 段),延长 CD 段与纵轴相交,在横轴上取 $1/s = 1/(s_c + 2s_0)$ 作 p 轴平行线交于 CD 或 CD 的延长线上,交点对应的压力为水平极限压力 p_L。

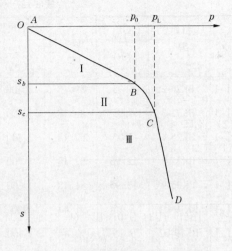

图 3-5　载荷试验典型的 $p \sim s$ 曲线

3.5.2.2　承载力的确定

利用极限压力法计算容许承载力,计算公式为

$$[R] = (p_L - p_0)/F \qquad (3-3)$$

式中　p_L——水平极限压力,kPa;

　　　p_0——试验深度水平静止土压力,以总应力表示,kPa;

　　　F——安全系数。

旁压试验适用于黏性土、砂类土和强风化岩石,不同土层和不同地区采用不同的安全系数,参考工程经验,本区地层界与岩石和土之间,综合考虑安全系数取 $F = 3$。

3.5.2.3　旁压模量计算

用以下公式计算旁压模量

$$E_M = 2(1 + \mu)\left[s_C + (s_{0M} + s_f)/2\right](p_f - p_{0M})/(s_f - s_{0M}) \qquad (3-4)$$

式中　μ——泊松比,取 0.3;

　　　s_C——旁压器中腔长度,20 cm;

　　　s_{0M}——旁压试验曲线直线段起点对应的测管水位下降值,cm;

　　　$p_f - p_{0M}$——旁压试验曲线直线段的压力增量,kPa;

　　　$s_f - s_{0M}$——对应于 $p_f - p_{0M}$ 的测管水位下降值增量,cm。

3.5.2.4　变形模量计算

根据旁压模量计算变形模量,一般的方法是对旁压模量乘以适当的经验系数,计算公式为

$$E_0 = KE_M \qquad (3-5)$$

式中　E_0——变形模量,kPa;

　　　E_M——旁压模量,kPa;

　　　K——变形模量与旁压模量的比值(经验系数)。

对于经验系数 K,不同的地区有不同的经验值或经验公式,本次计算采用机械电子工业研究院研究成果,对于黏性土、粉土和砂土的经验公式为

$$K = 1 + 61.1m^{-1.5} + 0.006\,5(V_0 - 167.6) \qquad (3-6)$$

式中　m——旁压模量与旁压试验静极限压力的比值,$m = E_M/(p_L - p_0)$;

　　　V_0——对应于 p_0 值的旁压器中腔的体积,cm³。

为偏于安全计,当 $m \leqslant 6$ 时,取 $K = 5$ 为限值,经计算,经验系数 K 一般等于 5。旁压试验成果统计见表 3-12。

表 3-12　旁压试验成果统计

地层类别	编号	试段深度（m）	试段高程（m）	极限压力 p_L（kPa）	初始水平压力 p_0（kPa）	临塑压力 p_f（kPa）	承载力（kPa）	旁压模量 E_M（MPa）	变形模量 E_0（MPa）
I-1	BK25-2	5.95	89.18	1 400	105	565	431.7	8.6	31.8
I-1	BK25-3	6.95	88.18	1 600	35		521.6		
I-1	BK25-4	7.95	87.18	1 800	185	451	538.3	8.7	43.7
I-1	BK25-8	12.95	82.18	1 700	100	439	533.3	12.5	46.1
I-1	BK25-9	13.95	81.18	1 600	95	444	501.7	8.5	42.6
I-1	BK19-01	8.15	91.44	900	40		286.3		
I-1	BK19-02	9.15	90.44	1 100	50		350.0		
I-1	BK19-07	14.15	85.44	1 700	110	537	530.0	9.6	47.2
I-2	BK19-03	10.15	89.44	1 050	70		326.6		
I-2	BK19-04	11.15	88.44	1 140	70	450	356.7	6.3	31.6
I-2	BK19-05	12.15	87.44	1 280	70	347	403.3	6.3	31.5
I-2	BK19-06	13.15	86.44	1 250	70		393.3		
II	BK21-1	5.35	90.11	1 200	45	362	384.9	4.6	23.0
II	BK21-2	6.35	89.11	1 300	70	461	410.0	6.4	32.1
II	BK21-3	10.56	84.90	1 450	105	354	448.3	6.6	32.9
II	BK25-5	8.95	86.18	1 250	110	448	380.0	6.5	32.4
II	BK25-6	9.95	85.18	1 700	70		543.3		
II	BK25-7	10.95	84.18	1 200	70		376.7		
II	BK24-03	5.90	94.06	950	90		286.6		
II	BK24-04	6.90	93.06	1 000	80	469	306.5	4.2	21.0
II	BK24-05	8.45	91.51	1 050	80		323.0		
II	BK24-06	9.45	90.51	1 150	150		333.1		
II	BK24-08	11.45	88.51	1 050	90		320.0		
II	BK24-09	12.45	87.51	1 190	90		366.7		
II	BK24-10	13.45	86.51	1 220	90		376.7		
II	BK24-11	14.45	85.51	1 220	90		376.7		

3.5.3　静力触探测试

静力触探测试共完成勘探点 4 个,分别为 xxy-1、xy-2、xxy-3、xxy-4,静探点均位于 B

区,均为黏土类地层,静探压入深度分别为 1.6 m、1.5 m、2.0 m、1.9 m。

经统计,黏土类地层的锥尖阻力平均值、侧壁摩阻力平均值分别为 13.9 MPa、239.7 kPa,按变异系数修正后,锥尖阻力平均值、侧壁摩阻力平均值分别为 9.6 MPa、192.3 kPa。

按《工业与民用建筑工程地质勘察规范》(TJ 21—77)计算,泥(岩)类地层的压缩模量为 40.7 MPa。

按昆明经验:对黏性土、软土按 $E_s = 3.464q_c + 1\,892$ 计算,压缩模量为 35.3 MPa。

3.5.4 物探测试

物探测试研究在 BK08、BK13、BK15、BK16、BK17 五个钻孔进行了物探测井。从物探测井成果可以看出,除基坑表部地层受开挖影响外,上第三系地层的纵波速度为 1 550 ~ 2 050 m/s,一般为 1 650 ~ 1 800 m/s,横波速度为 620 ~ 900 m/s,一般为 700 ~ 800 m/s。总体来看,不同的岩性波速差异不大,随深度也没有明显的变化规律。

3.6 室内试验主要成果

3.6.1 取样位置及取样方法

土工试验现场取方块样 32 组(其中环刀样 9 组),方块样大多数位于 3#、4# 机组基坑的表部,少量位于 1#、2# 机组基坑的表部,高程为 95 ~ 100 m,环刀样 9 组均为未胶结砂层样品;10 个钻孔样共 65 组;岩石试验方块样 12 组,高程为 95 ~ 100 m。

鉴于上第三系地层的特殊性,对不同类别的地层采用不同的取样方法。

Ⅰ-1 类(泥(岩)类地层)、Ⅰ-2 类(黏土类地层)、Ⅱ-3 类(钙质中细砂岩层)及 Ⅱ-2 类(微胶结含泥粉细砂层)均有一定的结构强度,在基坑底及四周刻槽取方块样。

Ⅱ-1 类(未胶结的中、细砂层)基本没有胶结,无法取方块样,直接用环刀在基坑底及四周制样。

对于钻孔样,沿岩芯方向用环刀直接制样。

3.6.2 试验方法

鉴于上第三系地层的特殊性,对不同类别的地层采用不同的试验方法,以较为全面地了解其物理力学性质。

Ⅰ-1 类(泥(岩)类地层):性质接近岩石,以岩石试验为主,并做适当的土工试验进行对比分析。

Ⅰ-2 类(黏土类地层):呈可塑—硬塑状,进行土工试验。

Ⅱ-1 类(未胶结的中、细砂层)、Ⅱ-2 类(微胶结含泥粉细砂层):基本没有或微胶结,可塑性差,进行土工试验。

Ⅱ-3 类(钙质中细砂岩层):强度较高,进行岩石试验。

土工试验的项目有土常规试验及直剪、三轴压缩、渗透、无侧限抗压强度、高压固结、卸荷回弹、弹性模量等试验;对泥(岩)类、黏土类地层进行自由膨胀率、膨胀力、膨胀率等膨胀试验及黏土矿物分析、化学分析等,对砂类(Ⅱ-1 类、Ⅱ-2 类)地层进行相对密度试验。

岩石试验项目有含水率、密度、抗压强度、变形模量、中型剪及波速等试验。

3.6.3 试验成果

3.6.3.1 土工试验成果

方块样土工试验成果统计见表3-13,钻孔样土工试验成果统计见表3-14,其中颗分及高压固结试验的详细成果见表3-15、表3-16。

1）颗分试验成果

Ⅰ-1、Ⅰ-2、Ⅱ-1、Ⅱ-2类地层的颗粒级配曲线(汇总方块样、钻孔样颗分试验成果)见图3-6～图3-9。

从颗分试验成果可以看出各类地层的颗粒组成有以下特点：

Ⅰ-1类地层的粉粒含量最高,平均为62.5%,黏粒含量平均为23.6%。按土的传统定名,该类地层一般属重粉质壤土,少部分属粉质黏土或中重粉质壤土;按土的新的定名标准,一般属低液限黏土。

Ⅰ-2类地层的黏粒含量高,平均为48.4%,粉粒含量平均为49.3%。按土的传统定名,该类地层一般属黏土或粉质黏土;按土的新的定名标准,一般属高液限黏土。

Ⅱ-1类地层的砂粒含量高,平均为89.0%,粉粒含量平均为6.2%,黏粒含量平均为4.8%。按土的传统定名标准,该类地层一般属中细砂,部分属粗砂;按土的新的定名标准,一般属级配不良砂或含细粒土砂,少部分属粉土质砂。

Ⅱ-2类地层的砂粒含量较高,平均为76.1%,粉粒含量平均为13.9%,黏粒含量平均为10.0%。按土的传统定名标准,该类地层一般属细砂或极细砂;按土的新的定名标准,一般属粉土质砂或黏土质砂,部分属含细粒土质砂。

2）物理性质试验成果

物理性质试验成果表明,上第三系地层物理性质指标差别不大,总体特点是含水率高(17%～24%),干密度低(1.54～1.74 g/cm³),孔隙比大(0.574～0.771),孔隙率高(35%～44%)。

方块样的物理性质试验成果为:Ⅰ-1类地层的含水率、干密度、孔隙比、孔隙率平均值分别为19.2%、1.66 g/cm³、0.641、39.0%,Ⅰ-2类地层的含水率、干密度、孔隙比、孔隙率平均值分别为22.2%、1.54 g/cm³、0.771、43.5%,Ⅱ-1类地层的含水率、干密度、孔隙比、孔隙率平均值分别为17.3%、1.59 g/cm³、0.687、40.7%,Ⅱ-2类地层的含水率、干密度、孔隙比、孔隙率平均值分别为17.6%、1.66 g/cm³、0.624、38.2%。Ⅱ类砂类地层的含水率、干密度、孔隙比、孔隙率平均值分别为17.4%、1.62 g/cm³、0.662、39.7%。

钻孔样的物理性质试验成果与方块样稍有区别,钻孔样的物理性质试验成果为:Ⅰ-1类地层的含水率、干密度、孔隙比、孔隙率平均值分别为20.5%、1.66 g/cm³、0.641、39.6%,Ⅰ-2类地层的含水率、干密度、孔隙比、孔隙率平均值分别为24.0%、1.58 g/cm³、0.742、44.0%,Ⅱ-1类地层的含水率、干密度、孔隙比、孔隙率平均值分别为16.3%、1.74 g/cm³、0.541、35.3%,Ⅱ-2类地层的含水率、干密度、孔隙比、孔隙率平均值分别为19.1%、1.68 g/cm³、0.606、37.3%。Ⅱ类砂类地层的含水率、干密度、孔隙比、孔隙率平均值分别为17.7%、1.71 g/cm³、0.574、36.3%。

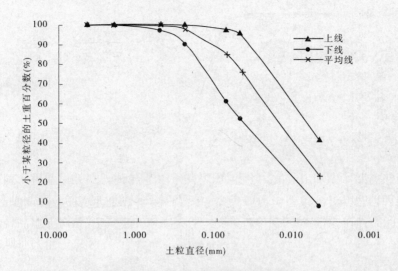

图 3-6 泥(岩)类地层颗粒级配曲线

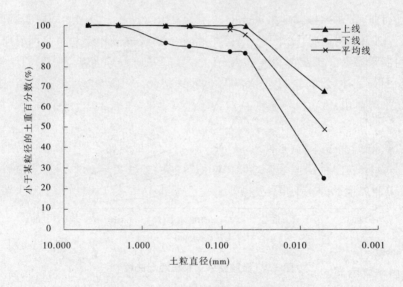

图 3-7 黏土类地层颗粒级配曲线

对比可知,Ⅰ-1、Ⅰ-2 类泥类地层方块样与钻孔样试验成果,除方块样含水率偏低外,干密度基本一致,反映方块样在开挖后失去了部分水分,但钻进对该类地层扰动不大。Ⅱ-1 类散状砂类地层的钻孔样品与方块样有一定差别,这一方面反映了地层的不均一性(钻孔样的样品中,中粗砂的样品相对较多),另外也反映了该类砂层样品容易受扰动(方块样可能受卸荷影响、钻孔样受钻进影响)。Ⅱ-2 类微胶结砂层的钻孔样品与方块样试验成果差别不大,从钻孔岩芯及方块样取样看,该类砂层因轻微胶结,样品不容易受扰动。

3)Ⅰ类地层膨胀、界限含水率试验成果

方块样的界限含水率试验成果表明:Ⅰ-1 类地层的液限、塑限、塑性指数平均值分别为 44.0%、24.5% 及 19.4,液性指数平均值为 -0.26,说明 Ⅰ-1 类地层一般属坚硬状;钻

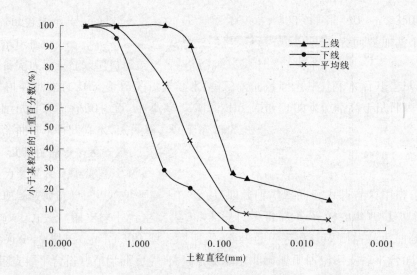

图 3-8　未胶结砂层颗粒级配曲线

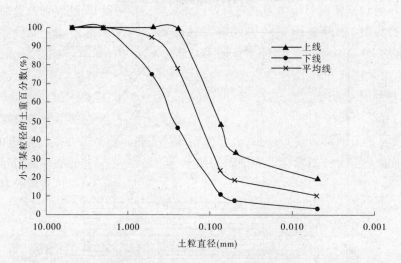

图 3-9　微胶结砂层颗粒级配曲线

孔样的试验成果与方块样基本一致,只是液性指数稍低一点,反映深部泥(岩)类地层稍软一些,属硬塑—坚硬状。

方块样的界限含水率试验成果表明:Ⅰ-2 类地层的液限、塑限、塑性指数平均值分别为 49.5% 、25.5% 及 24.0,液性指数平均值为 -0.16,说明Ⅰ-2 类地层一般属坚硬状。钻孔样的试验成果为:液限、塑限、塑性指数平均值分别为 56.4% 、27.0% 及 29.3,液性指数平均值为 -0.06,液限及塑限更高一些,液性指数稍低一点,反映深部黏土类地层稍软一些,属硬塑—坚硬状,局部接近可塑状。

方块样的膨胀试验成果表明:Ⅰ-1 类地层的自由膨胀率、膨胀率、膨胀力的平均值分别为 56.8% 、2.5% 、66.7 kPa;Ⅰ-2 类地层的自由膨胀率、膨胀率、膨胀力的平均值分别为 68.5% 、3.6% 、33.7 kPa。比较Ⅰ-1 类、Ⅰ-2 类地层的膨胀试验数据可知,Ⅰ-2 类地层的膨胀性比Ⅰ-1 类地层强,均属弱—中等膨胀性岩土。

4）Ⅱ类地层相对密实度试验成果

砂层相对密实度试验成果表明：Ⅱ-1类砂层的相对密实度为0.79～1.14,平均值为0.98；Ⅱ-2类砂层的相对密实度为0.97～1.22,平均值为1.11。两类砂层的相对密实度均很大,说明砂层属密实状态。

需要说明的是,两类砂层中多数样品的相对密实度都大于1,不符合常规。分析认为,该类砂层稍有一定的结构强度(尤其是Ⅱ-2类微胶结砂层),扰动后按照相对密实度试验的击实方法,很难恢复到天然的密实状态,这说明该类砂层不同于一般的第四系砂层,对该类地层要做好保护工作,避免扰动破坏。

5）无侧限抗压强度试验成果

无侧限抗压强度试验成果表明：Ⅰ-1类地层的无侧限抗压强度平均值为1.04 MPa,与该类地层天然状态的抗压强度基本一致；Ⅰ-2类地层的无侧限抗压强度进行2组试验,试验值分别为0.40 MPa、0.82 MPa；Ⅱ-2类微胶结砂层的无侧限抗压强度平均值为0.11 MPa；Ⅱ-1类地层基本不能进行无侧限抗压强度试验。

3.6.3.2 变形试验成果

1）高压固结试验

高压固结试验 $e \sim p$ 曲线见图3-10,可以看出, $e \sim p$ 曲线在低压力段比较陡,相应的压缩模量也低。方块样试验成果表明：Ⅰ-1泥(岩)类地层的压缩模量 E_{s1-2}、E_{s2-4}、E_{s4-6} 平均值分别为17.5 MPa、33.2 MPa、52.9 MPa,Ⅰ-2黏土类地层的压缩模量 E_{s1-2}、E_{s2-4}、E_{s4-6} 平均值分别为15.8 MPa、26.9 MPa、39.7 MPa,Ⅱ-1类、Ⅱ-2类地层的压缩模量差别不大,砂类地层的压缩模量 E_{s1-2}、E_{s2-4}、E_{s4-6} 平均值分别为14.7 MPa、24.9 MPa、40.4 MPa。对比钻孔样的试验成果可知,根据钻孔样高压固结试验计算的压缩模量要小一些。

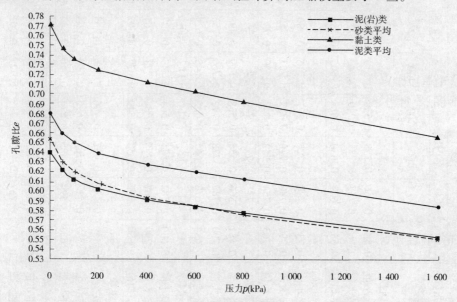

图3-10 上第三系地层方块样高压固结试验 $e \sim p$ 关系曲线

2）压缩、回弹、再压缩试验

压缩、回弹、再压缩试验成果见表3-17, $e \sim p$ 曲线见图3-11。从压缩、回弹、再压缩试

表 3-17　方块样压缩、回弹、再压缩试验成果统计

不同压力（kPa）的孔隙比 e

地层类别	指标类别	压缩						卸荷回弹			再压缩						
		0	50	100	200	400	800	400	200	100	50	100	200	300	400	600	800
I-1（泥岩类）	组数	5	5	5	5	5	5	5	5	5	5	5	5	5	5	5	5
	最小值	0.581	0.566	0.555	0.538	0.519	0.493	0.498	0.504	0.508	0.512	0.510	0.506	0.502	0.499	0.494	0.489
	最大值	0.767	0.757	0.755	0.749	0.740	0.731	0.734	0.737	0.740	0.742	0.741	0.738	0.736	0.735	0.733	0.730
	平均值	0.653	0.639	0.630	0.618	0.605	0.589	0.593	0.598	0.601	0.604	0.602	0.599	0.596	0.594	0.591	0.587
I-2（黏土类）	组数	2	2	2	2	2	2	2	2	2	2	2	2	2	2	2	2
	最小值	0.736	0.727	0.725	0.721	0.715	0.706	0.710	0.713	0.717	0.719	0.718	0.715	0.713	0.712	0.709	0.705
	最大值	0.790	0.780	0.778	0.772	0.763	0.753	0.757	0.760	0.763	0.765	0.763	0.761	0.759	0.758	0.755	0.752
	平均值	0.763	0.754	0.752	0.747	0.739	0.730	0.734	0.737	0.740	0.742	0.741	0.738	0.736	0.735	0.732	0.729
I（泥类）	组数	7	7	7	7	7	7	7	7	7	7	7	7	7	7	7	7
	最小值	0.581	0.566	0.555	0.538	0.519	0.493	0.498	0.504	0.508	0.512	0.510	0.506	0.502	0.499	0.494	0.489
	最大值	0.790	0.780	0.778	0.772	0.763	0.753	0.757	0.760	0.763	0.765	0.763	0.761	0.759	0.758	0.755	0.752
	平均值	0.684	0.672	0.665	0.655	0.643	0.629	0.633	0.637	0.641	0.643	0.641	0.638	0.636	0.634	0.631	0.627
II-1（未胶结砂）	组数	11	11	11	11	11	11	11	11	11	11	11	11	11	11	11	11
	最小值	0.600	0.582	0.575	0.564	0.547	0.527	0.529	0.531	0.532	0.534	0.533	0.531	0.530	0.528	0.526	0.523
	最大值	0.799	0.767	0.753	0.738	0.721	0.701	0.703	0.705	0.707	0.708	0.707	0.705	0.704	0.702	0.700	0.697
	平均值	0.680	0.662	0.652	0.640	0.627	0.607	0.609	0.611	0.614	0.615	0.614	0.612	0.610	0.609	0.607	0.604
II-2（微胶结砂）	组数	8	6	6	6	6	6	6	6	6	6	6	6	6	6	6	6
	最小值	0.459	0.435	0.422	0.406	0.386	0.365	0.367	0.370	0.373	0.376	0.374	0.372	0.370	0.369	0.366	0.363
	最大值	0.745	0.717	0.707	0.696	0.683	0.664	0.667	0.670	0.673	0.675	0.674	0.671	0.669	0.667	0.664	0.660
	平均值	0.633	0.594	0.585	0.574	0.560	0.544	0.547	0.550	0.553	0.555	0.553	0.551	0.549	0.547	0.545	0.542
II（砂类）	组数	19	19	19	19	19	19	19	19	19	19	19	19	19	19	19	19
	最小值	0.459	0.435	0.422	0.406	0.386	0.365	0.367	0.370	0.373	0.376	0.374	0.372	0.370	0.369	0.366	0.363
	最大值	0.799	0.767	0.753	0.738	0.721	0.701	0.703	0.705	0.707	0.708	0.707	0.705	0.704	0.702	0.700	0.697
	平均值	0.660	0.641	0.632	0.620	0.606	0.588	0.590	0.592	0.595	0.597	0.595	0.593	0.591	0.590	0.588	0.584

续表 3-17

不同压力（kPa）的压缩模量 E_s（MPa）

地层类别	指标类别	压缩					卸荷回弹				再压缩					
		0~50	50~100	100~200	200~400	400~800	800~400	400~200	200~100	100~50	50~100	100~200	200~300	300~400	400~600	600~800
I-1（泥（岩）类）	组数	5	5	5	5	5	5	5	5	5	5	5	5	5	5	5
	最小值	3.6	5.5	8.6	16.4	24.3	109.1	52.7	32.7	19.8	27.3	39.5	39.5	52.7	63.2	63.2
	最大值	9.1	44.2	29.5	40.9	78.5	235.6	117.8	58.9	81.7	88.3	81.7	88.3	176.7	176.7	117.8
	平均值	6.7	20.8	17.4	29.2	52.7	170.7	85.4	45.3	42.8	52.9	55.2	66.5	111.4	115.7	93.0
I-2（黏土类）	组数	2	2	2	2	2	2	2	2	2	2	2	2	2	2	2
	最小值	8.9	43.4	29.8	39.8	71.6	173.6	115.7	43.4	43.4	44.8	57.9	86.8	173.6	115.7	86.8
	最大值	9.6	44.8	43.4	57.9	77.2	179.0	119.3	59.7	44.8	86.8	89.5	89.5	179.0	119.3	119.3
	平均值	9.3	44.1	36.6	48.8	74.4	176.3	117.5	51.5	44.1	65.8	73.7	88.1	176.3	117.5	103.1
I（泥类）	组数	7	7	7	7	7	7	7	7	7	7	7	7	7	7	7
	最小值	3.6	5.5	8.6	16.4	24.3	109.1	52.7	32.7	19.8	27.3	39.5	39.5	52.7	63.2	63.2
	最大值	9.6	44.8	43.4	57.9	78.5	235.6	119.3	59.7	81.7	88.3	89.5	89.5	179.0	176.7	119.3
	平均值	7.5	27.4	22.9	34.8	58.9	172.3	94.6	47.1	43.2	56.5	60.5	72.7	129.9	116.2	95.9
II-1（未胶结砂）	组数	11	11	11	11	11	11	11	11	11	11	11	11	11	11	11
	最小值	2.8	6.2	10.8	17.1	22.9	224.5	106.7	42.7	40.3	42.7	56.9	80.0	80.6	108.8	83.0
	最大值	7.3	13.5	23.1	71.0	53.9	669.6	179.9	177.6	89.9	89.9	171.8	179.9	177.6	179.9	119.9
	平均值	5.1	9.7	14.9	27.8	36.8	434.0	152.8	83.0	72.4	76.1	89.2	130.3	152.5	152.5	104.3
II-2（微胶结砂）	组数	6	6	6	6	6	6	6	6	6	6	6	6	6	6	6
	最小值	2.1	5.6	9.1	14.6	27.8	214.7	75.9	40.3	24.3	36.5	50.6	72.9	75.9	97.3	75.9
	最大值	10.1	20.1	23.0	41.6	66.5	332.6	169.1	58.1	80.5	87.1	83.1	161.0	169.1	166.3	169.1
	平均值	5.2	10.4	15.8	27.1	42.9	266.8	121.7	49.2	45.0	60.7	62.5	94.1	120.8	134.2	107.9
II（砂类）	组数	19	19	19	19	19	19	19	19	19	19	19	19	19	19	19
	最小值	2.1	5.6	9.1	14.5	22.9	214.7	75.9	40.3	24.3	36.5	50.6	54.5	75.9	97.3	75.9
	最大值	10.1	20.1	23.1	71.0	66.5	669.6	179.9	177.6	89.9	89.9	171.8	179.9	177.6	179.9	169.1
	平均值	5.1	9.8	15.1	26.9	38.7	365.4	137.3	68.8	59.8	67.6	77.3	112.6	139.6	142.5	104.8

验 $e \sim p$ 曲线可以看出,再压缩段 $e \sim p$ 曲线明显比压缩段 $e \sim p$ 曲线缓,按照再压缩段 $e \sim p$ 曲线计算的压缩模量明显大于按压缩段 $e \sim p$ 曲线计算的压缩模量。方块样的压缩、回弹、再压缩试验成果表明: I -1 泥岩类地层的再压缩模量 $E_{s1\text{-}2}$、$E_{s2\text{-}3}$、$E_{s3\text{-}4}$、$E_{s4\text{-}6}$ 平均值分别为 55.2 MPa、66.5 MPa、111.4 MPa、115.7 MPa; II -1 类、II -2 类地层的再压缩模量差别不大,砂类地层的再压缩模量 $E_{s1\text{-}2}$、$E_{s2\text{-}3}$、$E_{s3\text{-}4}$、$E_{s4\text{-}6}$ 平均值分别为 77.3 MPa、112.6 MPa、139.6 MPa、142.5 MPa。

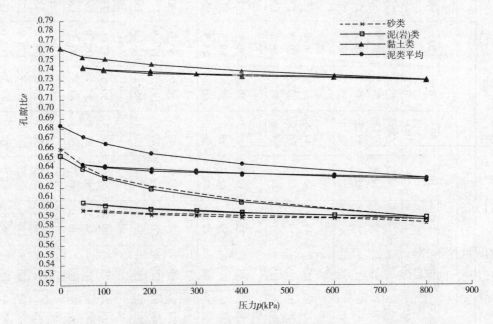

图 3-11　上第三系地层方块样压缩、回弹、再压缩试验 $e \sim p$ 关系曲线

钻孔样的压缩、回弹、再压缩试验成果表明: I -2 黏土类地层的再压缩模量 $E_{s1\text{-}2}$、$E_{s2\text{-}3}$、$E_{s3\text{-}4}$、$E_{s4\text{-}6}$ 平均值差别不大,均在 30 ~ 35 MPa。

3)弹性模量试验

本次共进行了 11 组弹性模量试验,试验成果表明: I -1 类、II 类地层的弹性模量平均值分别为 166.0 MPa、112.5 MPa。其弹性模量较大,说明该类地层的变形以塑性变形为主,弹性变形较小。

4)三轴压缩固结排水剪试验

本次共进行 4 组(方块样)三轴压缩固结排水剪试验(CD),其中 I -1 类、II -1 类地层各 1 组, II -2 类地层 2 组,试验确定的邓肯 – 张模型参数见表 3-18。

3.6.3.3　剪切试验成果

1)饱和直剪试验成果

方块样饱和直剪试验成果表明: I -1 类地层的抗剪强度平均值为内摩擦角 21.4°、黏聚力 142.7 kPa; I -2 类地层只进行 1 组,其抗剪强度平均值为内摩擦角 18.8°、黏聚力 69.0 kPa; II 类地层的抗剪强度平均值为内摩擦角 30.5°、黏聚力 7.0 kPa。

钻孔样饱和直剪试验成果表明: I -1 类地层的抗剪强度平均值为内摩擦角 26.7°、黏聚力 55.2 kPa，Ⅰ-2 类地层的抗剪强度平均值为内摩擦角 16.6°、黏聚力 39.6 kPa，Ⅱ类地层的抗剪强度平均值为内摩擦角 30.5°、黏聚力 14.8 kPa。

表 3-18　三轴压缩固结排水剪试验（CD）邓肯－张模型参数

野外编号	邓肯－张模型参数								说明
	K	n	R_f	c (kPa)	φ (°)	G	D	F	
JQ1-2	537.0	0.524	0.962	135.0	32.4	0.345	4.846	−0.312	Ⅰ-1 类（泥（岩）类）地层
FKY36	371.5	0.754	0.985	45.0	31.6	0.571	2.228	−0.436	砂类地层
FKY37	279.4	0.755	0.957	40.0	32.0	0.608	1.200	−0.462	砂类地层
ZH-3-1	407.4	0.862	0.944	39.0	31.1	0.427	3.510	−0.318	砂类地层
	352.8	0.790	0.962	41.3	31.6	0.535	2.313	−0.405	Ⅱ类（砂类）地层平均

2）三轴压缩固结不排水剪试验成果

方块样的三轴压缩固结不排水剪（CU）试验成果表明：Ⅰ-1 类地层的总强度平均值为内摩擦角 20.8°、黏聚力 144.5 kPa，有效强度平均值为内摩擦角 22.6°、黏聚力 141.3 kPa；Ⅰ-2 类地层的总强度平均值为内摩擦角 15.3°、黏聚力 155.5 kPa，有效强度平均值为内摩擦角 16.3°、黏聚力 154.0 kPa；Ⅱ类地层的总强度平均值为内摩擦角 30.2°、黏聚力 47.1 kPa，有效强度平均值为内摩擦角 31.7°、黏聚力 31.7 kPa。

钻孔样的三轴压缩固结不排水剪（CU）试验成果表明：Ⅰ-2 类地层的总强度平均值为内摩擦角 12.0°、黏聚力 52.0 kPa，有效强度平均值为内摩擦角 17.7°、黏聚力 33.0 kPa；Ⅱ类地层的总强度平均值为内摩擦角 27.9°、黏聚力 36.2 kPa，有效强度平均值为内摩擦角29.2°、黏聚力 27.8 kPa。

3.6.3.4　岩石试验成果

共取 8 组泥（岩）类（Ⅰ-1 类）地层、3 组钙质砂岩类（Ⅱ-3 类）地层进行岩石试验，试验成果分别见表 3-19、表 3-20。

表 3-19　泥（岩）类（Ⅰ-1 类）地层岩石试验成果统计

指标类别	含水率 (%)	块体密度 (g/cm^3)			抗压强度 (MPa)			静变模量 ($\times 10^3$ MPa)		静泊松比		抗剪切强度		抗剪断强度	
		自然	干	饱和	干	自然	饱和	自然	饱和	自然	饱和	c (MPa)	φ (°)	c (MPa)	φ (°)
组数	8	8	8	8	8	8	8	8	8	8	8	7	7	7	7
最小值	15.35	2.01	1.60	1.98	1.43	0.25	0.23	0.13	0.10	0.10	0.06	0.04	10.00	0.23	15.40
最大值	23.80	2.19	1.88	2.14	8.45	2.04	2.56	0.94	0.93	0.41	0.37	0.11	18.30	0.49	24.60
平均值	20.84	2.08	1.71	2.06	3.55	0.89	1.10	0.45	0.51	0.24	0.23	0.07	13.93	0.32	20.27

从表 3-19 可以看出：泥（岩）类的干密度低（平均值为 1.71 g/cm^3），含水率高（平均值为 20.4%），饱和抗压强度低（平均值为 1.10 MPa），属极软岩。中型剪试验成果表明：

抗剪切强度平均值为内摩擦角 13.93°、黏聚力 0.07 MPa,抗剪断强度平均值为内摩擦角 20.27°、黏聚力 0.32 MPa。

表 3-20 钙质砂岩类(Ⅱ-3 类)地层岩石试验成果统计

指标类别	吸水率(%)	饱水率(%)	块体密度(g/cm³)			抗压强度(MPa)		静变模量(×10³ MPa)		静泊松比		纵波波速(m/s)		横波波速(m/s)		动弹模量(×10³ MPa)		动泊松比	
			自然	干	饱和	干	饱和	干	饱和	干	饱和	干	饱和	干	饱和	干	饱和	干	饱和
最小值	1.50	1.53	2.52	2.48	2.53	33.1	15.3	14.5	9.0	0.26	0.14	3 408	4 422	2 142	2 445	27.5	39.9	0.16	0.27
最大值	1.86	1.89	2.58	2.55	2.59	38.3	27.2	24.8	16.8	0.32	0.28	3 910	4 758	2 416	2 670	34.9	46.1	0.19	0.27
平均值	1.65	1.68	2.55	2.51	2.55	35.1	21.5	21.2	13.8	0.28	0.20	3 706	4 636	2 318	2 587	31.9	43.6	0.17	0.27

从表 3-20 可以看出:钙质砂岩类的干密度高,平均值为 2.51 g/cm³,远高于其他 3 类地层;饱和抗压强度较高,平均值为 21.5 MPa,属较软岩类,是本区强度最高的地层。

3.6.3.5 矿化分析

矿化分析共进行黏土矿物分析 15 组、化学分析 19 组,黏土矿物分析用 X 射线衍射进行半定量分析,其矿化分析成果分别见表 3-21、表 3-22。

表 3-21 黏土矿物分析成果

样品编号	黏土矿物成分及含量(%)							
	蒙脱石	伊利石	高岭石	石英	长石	方解石	绿泥石	白云石
FKY-1	28	25	12	15	10	5	5	—
FKY-2	35	15	10	10	5	20	5	—
FKY-3	35	25	10	20	5	5	—	—
FKY-4	35	20	10	15	10	10	—	—
FKY-5	35	18	10	18	12	7	—	—
FKY-6	30	20	15	18	5	12	—	—
FKY-11	38	2	—	20	30	8	—	2
FKY-33	35	15	8	15	10	17	—	—
FKY-35	28	15	12	15	15	15	—	—
FKY-38	35	20	7	20	12	6	—	—
FKY-41-1	37	25	15	15	—	8	—	—
FKY-42-1	35	20	15	15	—	8	7	—
JQ1-1	28	22	15	15	10	10	—	—
JQ1-2	30	15	10	20	12	13	—	—
JQ1-3	30	22	10	20	—	8	10	—

表 3-22　黏土化学分析成果

编号	pH 值	有机质		易溶盐		SiO₂ (%)	Al₂O₃ (%)	Fe₂O₃ (%)	SiO₂/ R₂O₃
		(%)	(g/kg)	(%)	(g/kg)				
FKY-1	8.84	0.07	0.7	0.04	0.4	53.44	17.18	6.60	4.24
FKY-2	8.92	0.08	0.8	0.03	0.3	50.25	14.53	5.35	4.75
FKY-3	8.88	0.09	0.9	0.04	0.4	53.72	16.25	6.46	4.47
FKY-4	8.99	0.08	0.8	0.03	0.3	58.47	12.95	4.23	6.34
FKY-5	8.98	0.05	0.5	0.03	0.3	58.40	13.68	4.64	5.96
FKY-6	8.97	0.11	1.1	0.03	0.3	53.53	13.49	4.96	5.45
FKY-11	9.24	0.03	0.3	0.02	0.2	68.88	10.92	2.60	9.29
FKY-33	9.01	0.03	0.3	0.03	0.3	61.12	12.36	3.71	7.05
FKY-35	8.97	0.08	0.8	0.05	0.5	—	—	—	—
FKY-38	8.94	0.06	0.6	0.03	0.3	—	—	—	—
FKY-41-1	8.95	0.12	1.2	0.06	0.6	—	—	—	—
FKY-42-1	8.77	0.13	1.3	0.09	0.9	—	—	—	—
FKY-41	8.87	0.13	1.3	0.05	0.5	—	—	—	—
FKY-42	8.94	0.13	1.3	0.04	0.4	—	—	—	—
JQ1-1	8.97	0.08	0.8	0.04	0.4				
JQ1-2	8.85	0.06	0.6	0.03	0.3				
JQ1-3	8.91	0.05	0.5	0.03	0.3				
JQ5-1	8.98	0.10	1.0	0.04	0.4				
JQ5-2	9.03	0.08	0.8	0.03	0.3				

　　试验成果表明:黏土的矿物成分以蒙脱石为主,其含量达 28% ~38%,其次为伊利石、高岭石、石英、长石及方解石等;黏土的化学成分以 SiO₂、Al₂O₃、Fe₂O₃ 为主,SiO₂ 含量为 50.25% ~68.88%。矿化分析表明,泥(岩)类地层属膨胀类土。

3.7　上第三系地层主要地质参数的选取

　　鉴于上第三系地层分布的不稳定性(特别是 B 区),其空间层序不清晰,分层统计较为困难,故室内试验成果及主要指标均以工程地质分类为基础进行分类统计。

　　因此,应首先确定分类(基础)指标的统计方法及原则,然后确定各主要类别地层的承载力、变形参数及抗剪强度等主要指标。

3.7.1　主要指标选取的基本原则及分类统计方法

3.7.1.1　岩、土性质界定

　　从上第三系地层工程地质特性及基本试验数据看,虽然泥(岩)类地层具有岩石的一些特性,但总体上第三系地层土的工程地质特性更为明显,为便于分析评价,除Ⅱ-3类地层外,建议统一使用土工试验所提供的指标。

3.7.1.2 主要指标选取的依据

物理性质指标主要参考方块样的土工试验成果。关键力学指标的选取主要依据现场大型试验,并用原位测试成果进行复核,适当参考室内土工试验成果。

3.7.1.3 主要指标的分类统计方法

鉴于上第三系地层分布的不稳定性(特别是B区),其空间层序不清晰,分层统计十分困难,故主要指标以工程地质分类为基础进行分类统计。

1)Ⅰ类地层的分类统计方法

Ⅰ类地层中的泥(岩)类(Ⅰ-1类)地层和黏土类(Ⅰ-2类)地层一般呈互层分布,虽然很难在空间分层或分区,但由于两类地层性质差别较大,强度差别较大,黏土类地层相对较弱,是基础稳定(承载力、沉降变形、抗滑稳定)的控制性地层,故分别统计两类地层的物理力学性质指标。

2)Ⅱ类地层的分类统计方法

Ⅱ类地层中的Ⅱ-3、Ⅱ-4类地层分布不稳定,厚度薄,所占比例小(在A区,Ⅱ-3类占砂类地层厚度的5%~10%,Ⅱ-4类占砂类地层厚度的1%~2%;在B区,Ⅱ-3类占砂类地层厚度的3%~6%,Ⅱ-4类占砂类地层厚度的15%~18%),总体上看,可以不予考虑。Ⅱ-1、Ⅱ-2类地层分布广泛(占砂类地层厚度的80%以上),性质(主要是渗透性)不尽相同,最好分别统计两类地层的物理力学性质指标,作为Ⅱ类地层的基础指标。但由于Ⅱ-1、Ⅱ-2类地层相变大,很难在空间分层或分区,并且主要物理性质指标、抗剪强度、变形指标等参数差别不大,故进行概化,合并统计,用Ⅱ-1、Ⅱ-2类地层合并统计的地质参数作为整个砂类地层的地质参数。

3.7.2 主要物理性质指标

各地层的主要物理性质指标见表3-23。

表3-23 主要物理性质指标建议值

地层分类代号	名称	天然密度 (g/cm³)	含水率 (%)	土粒比重	干密度 (g/cm³)	孔隙比
alQ_4^2	沙壤土、砂层	1.69	12	2.69	1.51	0.783
alQ_4^1	砂卵石	2.30	9	2.67	2.11	0.210
$al+plQ_3$	漂石、卵石	2.34	9	2.67	2.15	0.196
alQ_2	砂卵石	2.35	8	2.67	2.18	0.185
Ⅰ-1	泥(岩)类	2.01	21	2.73	1.66	0.643
Ⅰ-2	黏土类	1.95	25	2.74	1.56	0.756
Ⅱ	砂(岩)类	1.95	18	2.68	1.65	0.622

3.7.3 承载力的确定

根据《水利水电工程地质勘察规范》(GB 50287—99)附录 D 及《建筑地基基础设计规范》(GB 50007—2011),从载荷试验、标准贯入试验、旁压试验、行业规范及经验分析等方面综合考虑,确定地基土层的允许承载力(承载力特征值)见表3-24。

表 3-24 允许承载力(承载力特征值)建议值 (单位:kPa)

确定方法		Ⅰ-1 类 (泥(岩)类)	Ⅰ-2 类 (黏土类)	Ⅱ-1、Ⅱ-2 (砂类)	alQ$_2$ (砂卵石层)
载荷试验		700	275	275 ~ 300	>700
旁压试验		460	340	350	—
标准贯入击数		—	—	295 ~ 340	
静探比贯入阻力			300 ~ 310		
老黏土的压缩模量		450	370	—	—
经验分析	《建筑地基基础设计规范》 (GB 50007—2011)	—	290		600
	《公路桥涵地基与基础设计规范》 (JTG D63—2007)	—		300	
	《港口工程地质勘察规范》 (JTJ 240—97)	—	—	300 ~ 360	600
承载力建议值		450	275	300	600

3.7.4 变形参数的确定

3.7.4.1 $e \sim p$ 曲线

根据方块样固结试验及压缩、回弹、再压缩试验成果 $e \sim p$ 曲线确定,在计算时可分别采用压缩段 $e \sim p$ 曲线及再压缩段的 $e \sim p$ 曲线进行计算。

3.7.4.2 压缩模量

与固结试验及压缩、回弹、再压缩试验成果 $e \sim p$ 曲线相对应,计算不同附加压力范围下的压缩模量,在计算时可分别采用压缩段及再压缩段的压缩模量进行计算,并对平均值作适当调整,提出建议值(见表3-25)。

3.7.4.3 变形模量

变形模量主要根据现场载荷试验、旁压试验及泥岩的变形模量试验成果确定,并参照压缩模量进行适当调整,提出建议值(见表3-25)。

3.7.5 抗剪强度的确定

抗剪强度的取值十分复杂,试验方法、计算方法、地层类别及应力状况不同,对抗剪强度的取值标准影响都不尽相同,不同规范对抗剪强度的取值也没有相对统一的标准,本次抗剪强度主要依照《水利水电工程地质勘察规范》(GB 50287—99)附录 D:岩土物理力学性质参数取值中抗剪强度的取值原则进行取值。

表 3-25　压缩模量、变形模量等变形参数建议值

地层类别	压缩			再压缩				变形模量	泊松比
	E_{s1-2} (MPa)	E_{s2-4} (MPa)	E_{s4-6} (MPa)	E_{s1-2} (MPa)	E_{s2-3} (MPa)	E_{s3-4} (MPa)	E_{s4-6} (MPa)	E_0 (MPa)	
Ⅰ-1 类(泥(岩)类)	16	30	43	55	65	100	110	70	0.30
Ⅰ-2 类(黏土类)	9	15	20	30	32	34	36	30	0.35
Ⅱ类(砂层)	15	24	40	70	100	120	130	40	0.30
alQ$_2$(砂卵石层)	100	130	150					180	0.25

3.7.5.1　岩土体本身的抗剪强度

根据不同试验方法的抗剪成果,并参照工程经验,提出岩土体的抗剪强度建议值(见表 3-26)。

表 3-26　岩土体的抗剪强度建议值

地层类别	室内试验		现场直剪试验		建议值	
	摩擦系数	黏聚力 (kPa)	摩擦系数	黏聚力 (kPa)	摩擦系数	黏聚力 (kPa)
Ⅰ-1 类(泥(岩)类)	0.38	40	0.34	55	0.34	45
Ⅰ-2 类(黏土类)	0.24	30			0.24	30
Ⅱ类(砂层)	0.55	0	0.40 ~ 0.50	0	0.40	0
alQ$_2$(砂卵石层)					0.50	0

3.7.5.2　岩土体与混凝土接触面的抗剪强度

根据 JQ2(泥岩与混凝土胶结面)、JQ3(砂层与混凝土胶结面)的试验成果,参考《水利水电工程地质勘察规范》(GB 50287—99)附录 D 中的经验值,提出岩土体与混凝土胶结面抗剪强度建议值(见表 3-27)。

表 3-27　岩土体与混凝土胶结面抗剪强度建议值

地层类别	现场直剪试验		建议值	
	摩擦系数	黏聚力(kPa)	摩擦系数	黏聚力(kPa)
Ⅰ-1 类(泥(岩)类)地层与混凝土胶结面	0.49	27	0.35	0
Ⅰ-2 类(黏土类)地层与混凝土胶结面			0.24	0
Ⅱ类地层与混凝土胶结面	0.42	0	0.40	0
(alQ$_2$)砂卵石层与混凝土胶结面			0.50	0

3.8 电站基础工程地质评价

3.8.1 基础稳定性评价

3.8.1.1 承载力

从载荷试验成果可以看出,不同类别地层的承载力差别较大,同类地层的承载力也有差别,离散性较大,这反映了上第三系地层的不均一性。相对来说,黏土类地层由于黏粒含量高,镜面发育,承载力较低,而砂卵石层的承载力较大,电站厂房地基不均一。

由于载荷试验及其他确定承载力的方法均没有考虑围压和基础的尺寸效应,根据《建筑地基基础设计规范》(GB 50007—2011),承载力应进行深度修正和宽度修正,并复核局部较低(主要是黏土类地层)的承载力是否满足设计要求。

3.8.1.2 沉陷变形

从载荷试验成果可以看出,黏土类地层的变形模量较小,而泥(岩)类地层的变形模量较大,室内固结试验反映的压缩模量也有较大差别,这表明不同地层的沉降变形有不同的特征,结合建基面平切图及剖面图看,电站厂房地基属不均一地基,可能产生不均匀沉降。

3.8.1.3 抗滑稳定

从该区上第三系地层的特点看,影响抗滑稳定的主要因素有断层面、隐裂隙、地层产状、各层及层面的抗剪强度等,还有控制性地层。

工程区几个较大断层均为陡倾角断层,其他小断层规模小,延伸短,基本不存在控制抗滑稳定的断层面组合形式;上第三系地层在 A 区倾向上游,在 B 区多倾向上游,总体上地层产状有利于抗滑稳定;上第三系砂类地层中不存在裂隙,泥(岩)类、黏土类地层发育的裂隙一般为短小的闭合隐裂隙,其对抗滑稳定的影响可以在土层本身的抗剪强度取值时予以考虑,因此可以不考虑隐裂隙发育的组合形式对抗滑稳定的影响。通过以上分析,可以认为,该区的抗滑稳定主要受岩性及层面控制。

根据剪切试验成果,Ⅰ-2 类地层抗剪强度最低,是抗滑稳定的控制性地层,Ⅰ-2 类地层与其他地层的接触面是抗滑稳定的控制性层面。但Ⅰ-2 类地层在 A 区分布较少,基本呈透镜体分布在Ⅰ-1 类地层中,在 B 区,Ⅰ-2 类地层分布虽然相对较多,从建基面平切图及剖面图看,一般没有稳定连续的分布,因此在坝基中也不存在明显的控制抗滑稳定的软弱地层或层面。

从地层特征看,具有岩石性质的泥(岩)类地层虽按岩石试验方法进行现场抗剪试验,但其抗剪断强度与抗剪强度差别不大,而砂类地层和黏土类地层更多具有土的工程地质特性。

综上所述,该区坝基基本不存在明显的控制抗滑稳定的断层面组合形式和软弱地层或层面,建议总体上统一按土的抗滑稳定计算方法,结合Ⅰ-2 类地层的分布情况及断层的发育情况选择各种可能滑动面,分别复核抗滑稳定安全系数。

3.8.2 渗透稳定性评价

电站厂房地基局部为砂卵石层,并且上第三系地层存在中等透水性的中细砂层(渗透系数 1.5 ~ 3 m/d),这主要表现在部分补充钻孔及排水管井出现小量的涌水现象,并带出星点状砂粒或泥质颗粒;从开挖的砂层边坡出现砂洞现象看,也反映该类地层存在渗透稳定问题,为了降低扬压力,确保厂基渗流稳定,应采取防渗工程与排水措施。

3.8.2.1　室内渗透变形试验成果

上第三系砂类地层的渗透变形试验表明,该层的渗透破坏形式为流土,渗透变形的临界比降较大,一般在 1.5 以上,反映上第三系砂层渗透稳定性要比一般的第四系砂层好,这可能与其结构强度有关。

3.8.2.2　规范判别评价

渗透变形破坏与土的颗粒级配关系密切,为较为准确地判别砂类地层的渗透破坏,按颗粒级配将砂类地层分为 3 类(级配不良砂、含细粒土砂、粉土质砂)分别进行分析评价。

级配不良砂的不均匀系数平均为 3.4,属颗粒均匀砂,按经验判别,渗透破坏形式为流土;含细粒土砂、粉土质砂的不均匀系数较大,砂粒中含有细粒,按经验及细粒含量进行判别,其渗透破坏形式为管涌,计算的临界比降较小。

含细粒土砂和粉土质砂一般属密实—超密状,有轻微胶结现象,所含的细粒(粉粒、黏粒)有一定的分子黏着力,颗粒发生流动所需的起动流速较大,故发生管涌破坏的可能性不大,室内试验也反映该类地层的渗透破坏形式为流土。

可以看出,室内渗透变形试验与规范分析的破坏形式出现矛盾,与观测钻孔涌水现象也不一致,这说明渗流破坏的机制十分复杂,室内试验也很难完全模拟渗流破坏的所有情况,鉴于此,以现行规范判别为基础,建议上第三系砂类地层的允许水力坡降取 0.20 ~ 0.30。

3.8.3　地基处理建议

(1)电站厂房的防渗处理:建议采用防渗墙进行处理,并在上游做水平铺盖。

(2)电站厂房的基础稳定处理:应尽最大程度地保护天然地基,并利用天然地基的承载力,对局部承载力偏低、不均匀沉降问题及抗滑稳定问题,应首先考虑扩大基础和增加垫层解决,不能满足设计要求时,可采用桩基或复合地基方案,但不宜采用密布桩基方案。对于 B 区,由于断层密集,部分断层的断层带充填较厚的断层泥,并且黏土类地层分布较多,建议全面处理。

(3)对基础底部承压水问题,建议做好排水工作,所有的排水方案均应做好反滤工作。

(4)为避免建基面遭受扰动破坏,所有的地基处理均应在保护层上进行,必要时应铺垫砂卵石层。

第4章　电站基础处理方案优化与调整

4.1　电站基础防渗设计优化

初步设计阶段的地质勘探资料表明,坝址区基岩不存在明显的软弱结构面和风化界面,从上到下岩石的强度相差不大,其物理力学性质与相应土类更为接近,因此可将坝址区基岩视为类均质体,渗透系数平均值为 3.13×10^{-5} cm/s,属弱透水层。电站坝段基础建于基岩上(相对隔水层),不再设其他防渗措施。

在电站基坑开挖过程中,发现电站坝段地基主要为上第三系泥(岩)类、黏土类、中细砂和第四系砂砾石地层。上第三系地层成岩差,强度低,在水平和垂直方向上相变大,具有土—软岩的性质,地层中构造发育,产状变化大,接触关系复杂。砂层为透水层,而黏土岩为相对隔水层,形成了比较复杂的水文地质条件。如不处理,蓄水后可能形成局部承压水,导致渗透变形和集中渗漏等问题。为此,进行了专题研究(详见第3章),并于2004年6月和8月分别召开了专家咨询会,为电站基础防渗最终采用混凝土防渗墙方案提供了设计依据。

4.1.1　防渗类型选择

整个枢纽在排沙洞坝段、泄洪闸坝段及土石坝坝段坝基均采用垂直防渗形式(混凝土防渗墙),为了与两侧防渗形式一致,便于连接,电站坝段坝基防渗形式亦采用垂直防渗。

电站坝基垂直防渗形式选择,结合坝基地质情况(上第三系泥(岩)类、黏土类、中细砂互层),比较了高压旋喷墙、塑性混凝土防渗墙和混凝土防渗墙三种形式。从国内高压旋喷墙和塑性混凝土防渗墙的应用情况来看,主要用于围堰临时挡水工程,或水库的除险加固,用于主体永久工程的尚不多见。而混凝土防渗墙用的则比较普遍,施工管理可靠。因此,从工程安全考虑,采用混凝土防渗墙。

4.1.2　防渗墙布置

电站坝段上第三系地层揭露后,左侧安装间排沙洞坝段和右侧开敞式泄洪闸坝段下的防渗墙已经施工,防渗墙施工现状见图4-1。

4.1.2.1　布置方案

根据现场防渗墙的施工现状,先后比较了以下几种防渗墙布置方案:

(1)防渗墙布置在电站上游铺盖首端。优点是基本不占直线工期;缺点是防渗墙与电站之间通过铺盖连接,铺盖和电站之间的止水出现渗漏的概率较高,且铺盖可能存在断裂现象,容易产生安全隐患。因此,否定了这个方案。

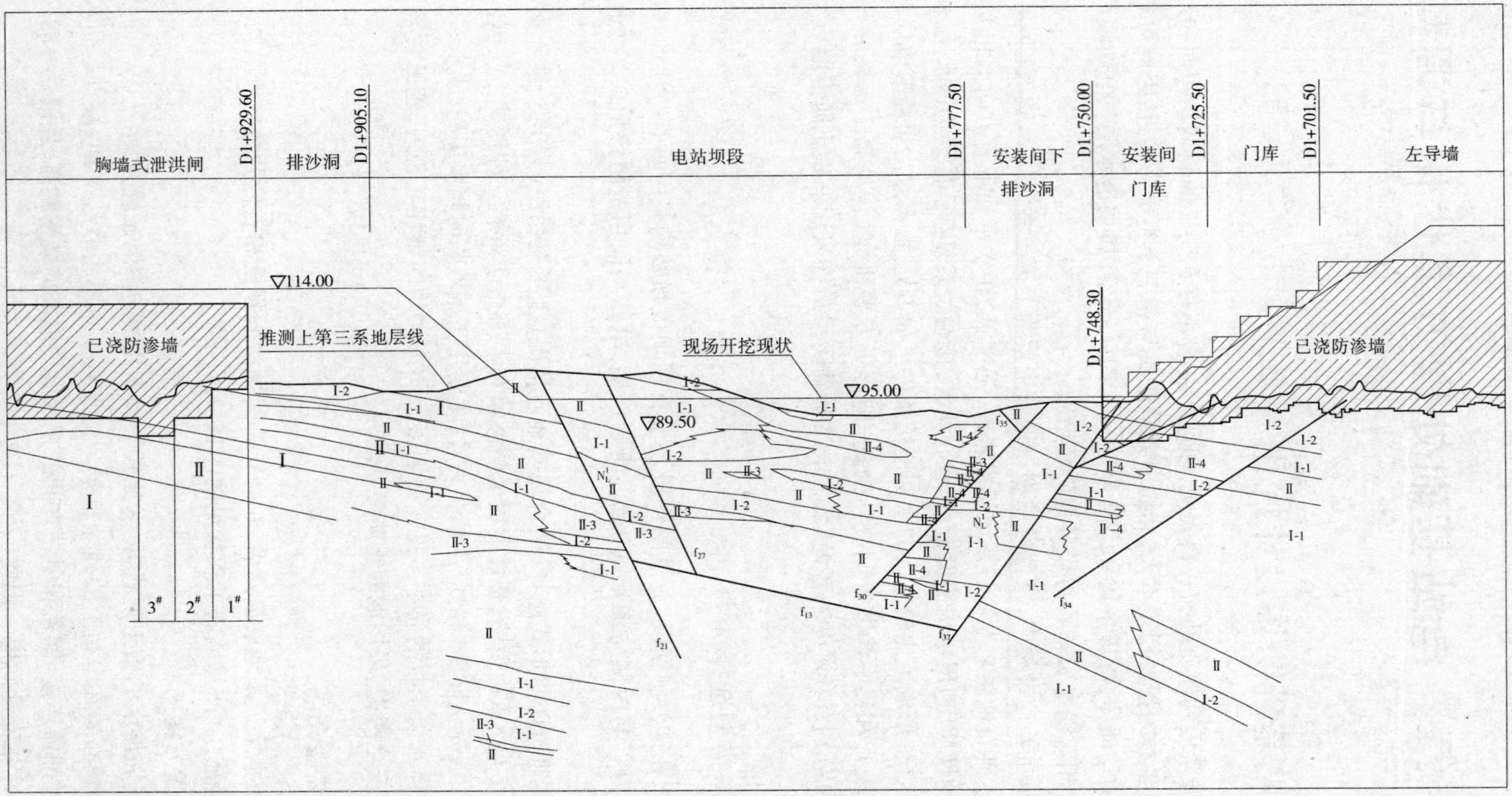

图 4-1 防渗墙施工现状（2004 年 7 月）

(2)防渗墙布置在坝轴线上,考虑电站坝段绕渗,又比较了两种布置方案:

①"┓"形方案(以下简称方案一),见图4-2、图4-3。

该方案电站右侧防止绕渗破坏是把防渗墙沿轴线延长,结合排沙洞、7孔胸墙式泄洪闸的坝基防渗,将防渗墙延长至桩号D2+025.00。左侧电站基坑边坡已挖成,如果亦采用延长防渗墙的形式防止绕渗破坏,施工将非常困难,因此在电站底板左侧沿水流方向布置纵向防渗墙。

②"┏┓"形方案(以下简称方案二),见图4-4和图4-5。左、右侧均采用沿水流方向布置的纵向防渗墙。

4.1.2.2 方案比较

为解决电站右侧绕渗问题,方案一布置防渗墙需伸入开敞式泄洪闸段95.4 m,原来已浇好的部分防渗墙废弃(见图4-3),废弃面积达1 602 m²。方案二布置右侧仅增加28.4 m的墙与泄洪闸过渡连接,废弃的防渗墙面积较少,仅442 m²(见图4-5),并且该方案防渗条件明确。两方案工程量及投资比较见表4-1,方案二投资比方案一少115.74万元,因此最终采用方案二布置方案。

表4-1 电站坝段防渗方案工程量及投资比较

项目		面积(m²)		单价 (元)	费用(万元)	
		方案一	方案二		方案一	方案二
新增 防渗墙	沿坝轴线方向	9 746	6 835	1 050.3	1 023.62	717.88
	沿水流方向(左侧)	1 730	1 730	1 050.3	181.70	181.70
	沿水流方向(右侧)		1 809	1 050.3		190.00
	合计	11 476	10 373	1 050.3	1 205.32	1 089.58
初步设计概算已列量		427	427	1 050.3	44.85	44.85
实际防渗墙增加量		11 049	9 946	1 050.3	1 160.47	1 044.73
方案一至方案二		1 103		1 050.3	115.74	

注:防渗墙厚0.6 m,混凝土强度等级C15,按初步设计概算单价估算。

2004年9月4日在北京请总院专家对上述方案进行了咨询,与会专家认为方案二布置可行,按悬挂式设计合理。墙的深度不必根据地层岩性确定,均按30.0 m设计为宜。

4.1.2.3 选定方案

根据前述方案比较及专家咨询意见,最终确定的电站坝段坝基的防渗方案如下:

(1)防渗墙轴线与坝轴线(0+000.00)重合,两端转折向上游与原设计防渗墙相连,左侧桩号D1+723.00,右侧桩号D1+958.00;在电站底板两侧布置顺水流向的防渗墙,左侧桩号D1+753.00,右侧桩号D1+902.10。防渗墙布置见图4-6。

(2)防渗墙采用C15混凝土,墙厚0.6 m,墙底高程60.0 m,两侧连接段以台阶形式逐步过渡,见图4-7、图4-8。

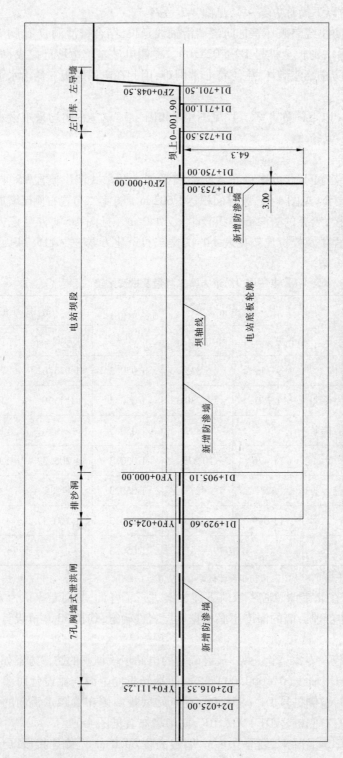

图 4-2 防渗墙 "⌐" 形布置平面图 （单位：m）

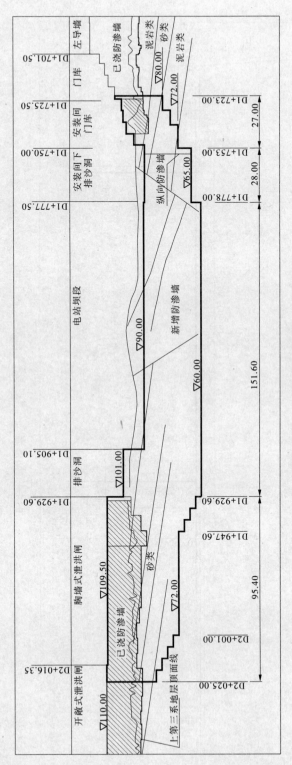

图 4-3 防渗墙 "⌐" 形布置剖面图 (单位: m)

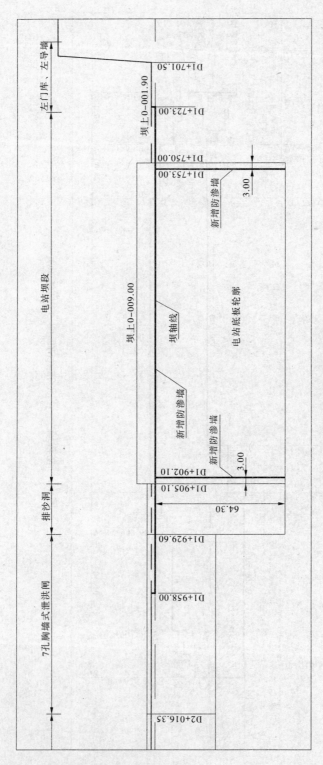

图 4-4 防渗墙 "冂" 形布置平面图 （单位：m）

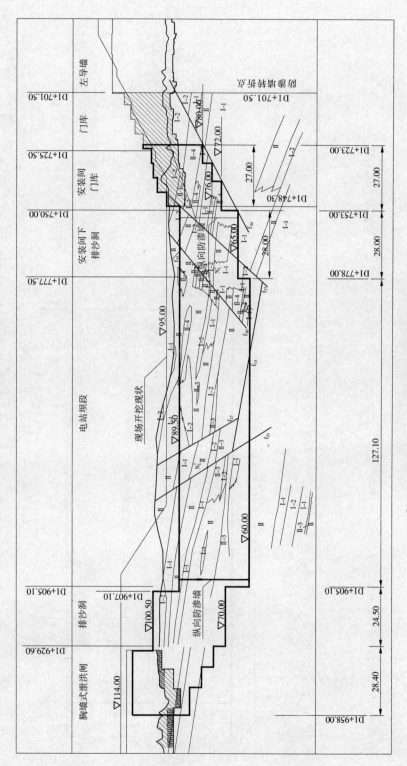

图 4-5 防渗墙 " ∏ "形布置剖面图 （单位：m）

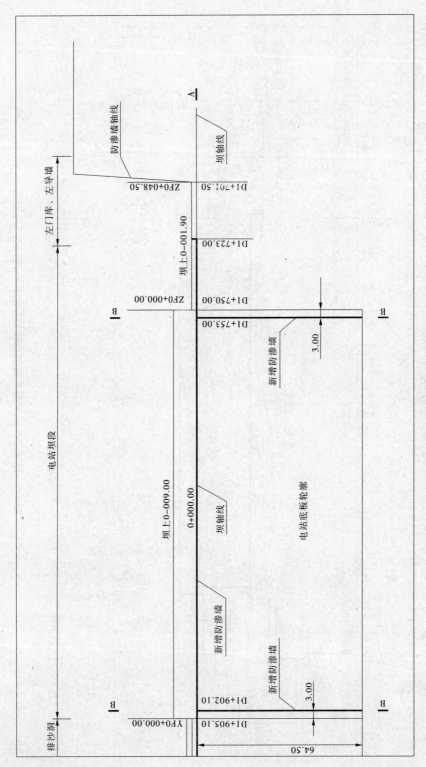

图 4-6　电站坝段防渗墙平面布置图（施工采用）

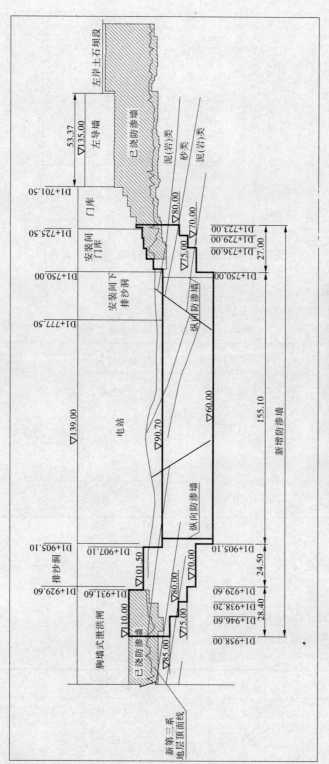

图 4-7 电站坝段防渗墙剖面图（施工采用）

图 4-8 电站坝段纵向防渗墙剖面图(施工采用)

4.1.2.4 工程量

电站坝段增加防渗墙后,工程量增加见表4-2。

表 4-2 电站坝段新增防渗墙工程量 （单位:m^2）

项目	新增防渗墙	初步设计概算已列量	实际防渗墙增加量
沿坝轴线方向	6 871	427	
沿水流方向(左侧)	1 987		
沿水流方向(右侧)	1 987		
合计	10 845	427	10 418

4.1.3 二维渗流计算

4.1.3.1 计算条件

(1)渗流计算工况见表4-3。

(2)渗流计算参数见表4-4。

表 4-3 渗流计算工况

序号	计算工况	上游水位(m)	下游水位(m)
1	正常运用	134.00	120.03
2	设计洪水	132.56	125.30
3	校核洪水	134.75	126.23

表 4-4　渗流计算参数

材料	编号	渗透系数(m/d)	允许坡降	说明
第四系砂砾石层	K_1	20 ~ 30	0.1	
上第三系泥(岩)类地层 (Ⅰ类、Ⅱ-3类)	K_2	8.64×10^{-3}		
上第三系砂(岩)类地层 (Ⅱ-2类、Ⅱ-1类、Ⅱ-4类)	K_3	1.0 ~ 2.0	0.15 ~ 0.30	水平允许坡降 0.07 ~ 0.1
混凝土防渗墙	K_5	8.64×10^{-6}		
水库初期运用坝前淤沙	K_6	8.64×10^{-2}		
夹砂层透镜体	K_7	3.57×10^{-1}		

　　由于上第三系地层由泥(岩)类和砂(岩)类地层组成,总体上呈互层分布,并被多条断层切割,无论层次或产状等均较杂乱,砂(岩)类层为透水层,而泥(岩)类为相对隔水层,形成了比较复杂的水文地质条件,因此在进行渗流计算时对上第三系地层进行了以下两种情况的概化:

　　①按现有的地质资料,对各地层延长到计算边界,这样概化偏于不安全。

　　②对上第三系地层均按砂(岩)类地层进行计算,这样概化偏于安全。

　　(3)计算方法。计算采用河海大学工程力学系(工程力学研究所)研制的 AutoBANK 渗流稳定分析程序。

4.1.3.2　计算断面

　　选取 2# 机组作为典型横剖面进行计算,见图 4-9。

　　电站建基于上第三系地层,地下轮廓长度为:上游铺盖 30 m,电站基础长 68.3 m,护坦 55 m,混凝土海漫 56.7 m,防渗墙布置于坝轴线下,深入上第三系地层 30 m。

4.1.3.3　渗流计算成果

　　渗流计算根据上第三系地层的复杂性,分别按地质推测实际地层和砂(岩)类地层计算。计算成果见表 4-5、表 4-6。等势线图见图 4-10、图 4-11。

表 4-5　电站坝段渗流计算成果(上第三系地层按趋势延长)

工况	水平段渗流坡降				出口段坡降	水平段允许坡降	出口段允许坡降
	铺盖	闸室段	消力池	海漫			
正常运用	6.45×10^{-4}	2.82×10^{-2}	2.71×10^{-2}	4.73×10^{-2}	0.02		
设计洪水	3.35×10^{-4}	1.47×10^{-2}	1.09×10^{-2}	1.23×10^{-2}	0.01	0.07 ~ 0.1	0.15 ~ 0.3
校核洪水	3.93×10^{-4}	1.72×10^{-2}	1.38×10^{-2}	1.45×10^{-2}	0.01		

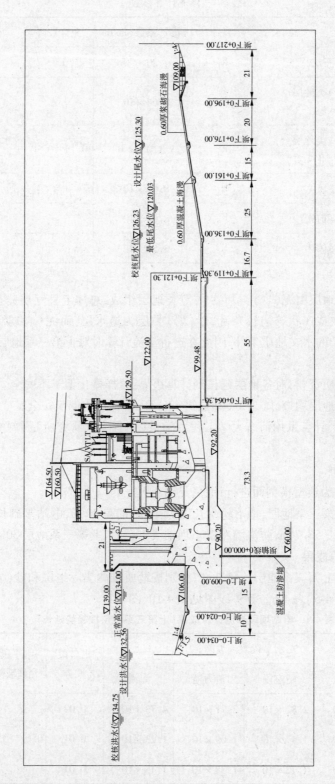

图 4-9　机组典型横剖面图　（单位：m）

表 4-6　电站坝段渗流计算成果(上第三系地层概化为砂层)

工况	水平段渗流坡降				出口段坡降	水平段允许坡降	出口段允许坡降
	铺盖	闸室段	消力池	海漫			
正常运用	3.84×10^{-3}	0.091	0.058	0.075	0.048		
设计洪水	1.99×10^{-3}	0.047	0.030	0.039	0.025	0.07~0.1	0.15~0.3
校核洪水	2.34×10^{-3}	0.056	0.035	0.046	0.029		

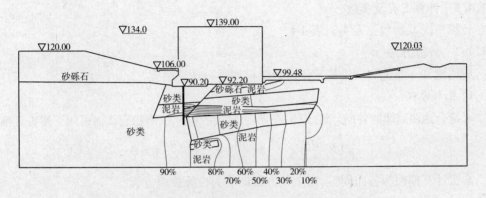

图 4-10　机组典型剖面等势线图(上第三系地层按趋势延长)

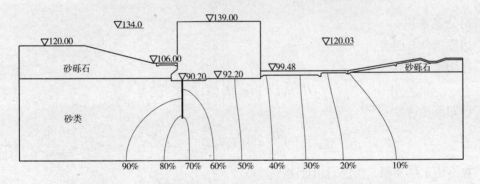

图 4-11　机组典型剖面等势线图(上第三系地层概化为砂层)

从计算结果看,各工况下水平段和出口段的渗流坡降均小于允许坡降,满足渗透稳定要求。

4.1.4　三维渗流计算

由于上第三系地层的复杂性,进行了三维渗流计算,以期对西霞院所有建筑物所在区域的地下水运动规律、渗流控制措施的作用进行计算分析,获取渗流要素的定量指标,验证渗控设计方案的效果,为工程施工设计提供参考依据。

4.1.4.1　计算模型的范围及边界条件

根据地质构造、岩层透水性和主要建筑物的分布情况,三维渗流计算主要对整个枢纽区的混凝土坝段进行计算,兼顾两侧部分混凝土坝段,计算模型的边界范围为坝轴线方向:D1 + 350.00 ~ D2 + 522.00,长 1 172 m;上下游方向:坝上 0 - 200.00 ~ 坝下 0 + 280.00,长 480 m。

上游计算边界至两岸土坝段上游坡及混凝土建筑物上游止水的部分为入渗边界,其上水头按上游水位控制;两岸土坝段的下游河槽及混凝土建筑物的下游止水部分以下为渗流场的排泄区,其上水头按下游水位控制。

枢纽区渗流场共布置 63 个计算断面,每个断面上布置 605 个节点 550 个单元。共计 38 115 个节点 34 650 个单元。渗流场剖分网格立体图见图 4-12。

4.1.4.2 计算工况及参数

计算工况及参数见表 4-3、表 4-4。

4.1.4.3 计算方法

应用饱和 - 非饱和三维稳定渗流数学模型进行计算研究。

1)基本方程

对符合达西定律的各向异性土体,在无内部源情况下,三维稳定渗流可用下述方程描述

$$\frac{\partial}{\partial x}\left(k_x \frac{\partial H}{\partial x}\right) + \frac{\partial}{\partial y}\left(k_y \frac{\partial H}{\partial y}\right) + \frac{\partial}{\partial z}\left(k_z \frac{\partial H}{\partial z}\right) = 0 \tag{4-1}$$

本次计算模型为各向同性,则上述方程即变为拉普拉斯方程

$$\frac{\partial^2 H}{\partial x^2} + \frac{\partial^2 H}{\partial y^2} + \frac{\partial^2 H}{\partial z^2} = 0 \tag{4-2}$$

2)边界条件

边界条件有两类:

已知水头边界

$$H(x,y,z) = H_0(x,y,z) \tag{4-3}$$

已知流量边界

$$\frac{\partial H}{\partial n} = f(x,y,z) \tag{4-4}$$

在不透水层及稳定渗流自由面上

$$\frac{\partial H}{\partial n} = 0$$

同时在自由面边界上,还需满足

$$H = z \tag{4-5}$$

式(4-2)~式(4-5)即构成该工程的三维稳定渗流的数学模型。为对其进行数值求解,采用有限元法,首先对计算区域进行离散,即将计算区域划分成有限个单元的组合体,然后分片插值,再进行总体合成,最后解出各未知节点的水头值。

4.1.4.4 计算成果

只按正常运用工况(最大上、下游水头差 13.97 m)整理了计算结果,其计算成果如下:

(1)电站坝段地下轮廓的渗流坡降(见表 4-7);

(2)电站坝段典型剖面等势线分布图(见图 4-13 ~ 图 4-17);

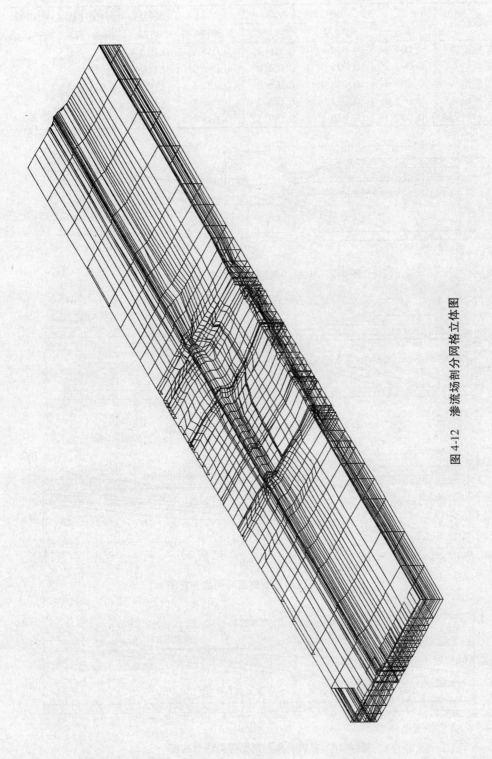

图 4-12   渗流场剖分网格立体图

表 4-7　电站坝段渗流计算成果

工况	水平段渗流坡降				出口段坡降	水平段允许坡降	出口段允许坡降
	铺盖	闸室段	消力池	海漫			
1#机组	0.004 9	0.014 1	0.109 1	0.050 9	0.013 3		
2#机组	0.003 2	0.025 0	0.056 0	0.098 2	0.009 4		
3#机组	0.005 0	0.038 9	0.079 8	0.122 4	0.010 4	0.07 ~ 0.1	0.15 ~ 0.3
4#机组	0.007 8	0.031 8	0.068 3	0.082 2	0.013 3		
安装间排沙洞	0.030 0	0.036 1	0.092 5	0.038 7	0.023 0		

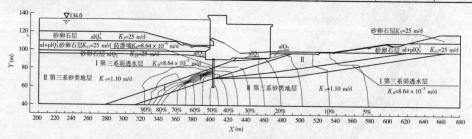

图 4-13　1#机组典型剖面等势线分布图

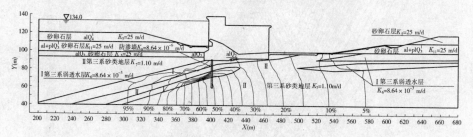

图 4-14　2#机组典型剖面等势线分布图

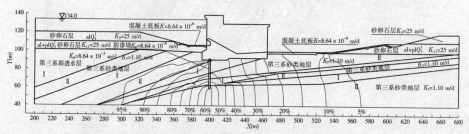

图 4-15　3#机组典型剖面等势线分布图

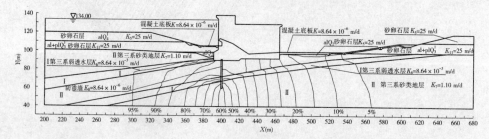

图 4-16　4#机组典型剖面等势线分布图

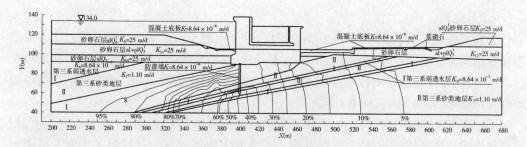

图 4-17　安装间下排沙洞剖面等势线分布图

（3）电站厂房坝段地下水位等值线分布图（见图 4-18）。

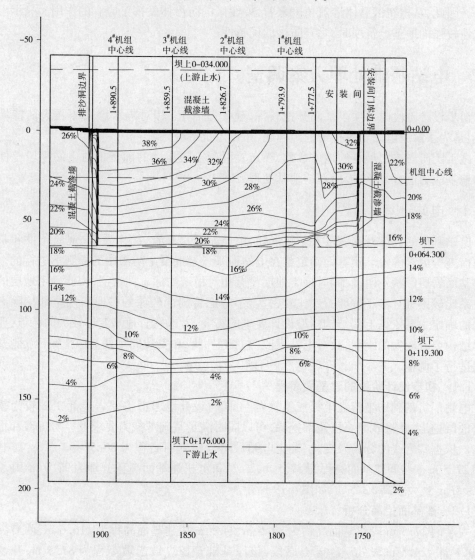

图 4-18　电站厂房坝段地下水位等值线分布图

4.1.4.5 成果分析

工程实践成果表明,在透水性基础上筑坝,采用混凝土防渗墙防渗是一种行之有效的渗流控制措施。它能比较彻底地截断强透水层,控制坝基渗流量,使绝大部分势能削减在防渗墙内,使坝基渗透坡降控制在允许范围内,以保证其渗透稳定性。电站厂房段的渗透坡降计算成果(见表4-6、表4-7)也证明了这一点。

从枢纽区的渗流计算可以看出,水库蓄水后在正常运用工况水位134.0 m作用下,枢纽区将形成一个整体渗流场,其入渗补给来源主要为库区渗水。其排泄区主要为两岸土坝及混凝土建筑物下游的河谷中。地下水渗流主要通过坝基,势能则集中削减在枢纽区的防渗体中,电站厂房段基础混凝土防渗墙削减水头达60%左右,墙后剩余水头达40%左右。因此,从枢纽区整体渗流角度来看,枢纽区的防渗体发挥了应有的作用。显示出在透水性较强的地基上筑坝时,垂直防渗的优越性。

4.2 电站基础处理方案调整

初步设计阶段电站坝段基础开挖较深,建于基岩上(相对隔水层),不再设防渗墙截渗,但是为了解决电站坝段抗滑稳定问题,布设了抗滑桩。

施工图阶段按照最新的地质参数,在布置混凝土防渗墙的前提下对电站坝段整体稳定和地基应力进行复核,提出新的地基处理方案。

4.2.1 电站建基面高程调整

电站基础的具体开挖深度及基坑形状,由电站厂房布置、结构要求、地质条件和基础处理措施等因素确定。建基面确定是在电站地基设置混凝土防渗墙的原则下进行的。由于建基面岩层产状不明确,同时该类地层没有相对稳定的标志性地层,因此确定地层的相互关系比较困难。鉴于砂卵石层比较密实,不考虑将局部较深的砂卵石层全部挖除。建基面的确定主要依据上部结构体型设计要求的需要,考虑软岩地基变形较大的特点,要求上部结构要有较大的刚度,故对电站坝段(包括主机段和安装间坝段)上游及下游侧开挖高程进行了调整。

4.2.1.1 初步设计阶段的建基面高程

电站厂房基础均坐落在上第三系软岩上,同时设计已考虑将软岩上部2 m较为软弱的松散层挖出,并将砂卵石层全部挖除,可以同时满足基础承载力要求及厂房抗渗和稳定要求。依据基岩线的分布及变化,确定电站厂房段建基面高程为86.5~93.5 m,其中1#机和27.5 m安装间建基面高程为87.5 m,2#、3#和4#机建基面高程分别为90.0 m、91.0 m和93.5 m,最大坝高52.5 m,如图4-19所示。

4.2.1.2 建基面抬高分析

安装间27.5 m段建基面高程为87.5 m,24.5 m段建基面高程为116.6 m,两者高差达29.1 m。24.5 m段处于砂砾石层段,该段基础开挖纵坡起坡高程为87.5 m,开挖坡比1:2(现在为1:1.5)造成24.5 m段基础(高程116.6 m)以下高填方区,以下回填砂砾石,因此24.5 m段将存在较大的沉陷和不均匀沉陷,可能导致与临近坝段间上游止水剪切破

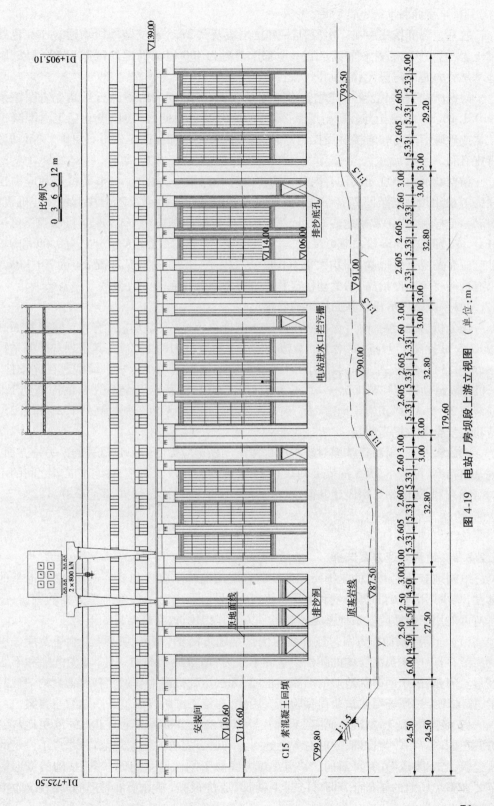

图 4-19　电站厂房坝段上游立视图　（单位：m）

坏,引起伸缩缝漏水等不良后果。

软基主要开挖集中在厂房段,1#~4#机组段及其27.5 m安装间段均建筑在红色砂质黏土岩石上,该岩石性软弱,胶结差,地基承载力为400 kPa,局部地区低于400 kPa,因此地基承载力是厂房段设计控制因素之一。

根据试验资料,混凝土与黏土岩摩擦系数 $f = 0.3 \sim 0.35$,砂砾石与黏土岩摩擦系数 $f = 0.3 \sim 0.35$,混凝土与砂砾石层摩擦系数 $f = 0.45$ 。因此,厂房段滑动稳定由混凝土与软岩或砂砾石层与软岩接触面控制,如果有可能将基础面提高至砂砾石层中,对滑动稳定肯定有利。

根据黄河勘测规划设计有限公司初步设计补充报告,看出厂房滑动稳定和应力控制段为1#机组段及安装间27.5 m段,主要是两者建基面低(+87.5 m)引起的。1#机组段:滑动稳定控制为"正常 +地震"工况, $K = 0.92$,下游地基应力 $\sigma_\text{下} = 439$ kPa,略大于400 kPa。安装间27.5 m段:"正常 +地震"及"正常 +检修"工况的 K 值分别为0.99 和0.92,并且所有工况下游地基 $\sigma_\text{下}$ 均大于400 kPa,特别是"正常 +检修"工况 $\sigma_\text{下}$ 达701 kPa。如果有可能将建基面抬高,则滑动稳定及地基应力将会得到较大改善。

4.1.2.3 电站厂房段建基面抬高的确定

经分析,抬高建基面可大大减小上游水的推力,对改善应力非常有益。将建基面高程由87.5 m提高至90.5 m,增加的摩擦力等于上游水推力的12%,尤其是坝基摩擦系数较小($f = 0.3$)的情况,垂直荷载减小,对滑动稳定的敏感度还小于水平荷载。在此条件下,1#机组段滑动稳定控制工况——"正常 +地震",其抗滑稳定安全系数 K 值提高到1.18;安装间27.5 m段"正常 +地震"及"正常 +检修"工况的 K 值分别提高到1.21 和1.25,抗滑稳定安全系数提高明显。

因此,一方面提高建基面对改善厂房段滑动稳定应力的效果是显著的。另一方面,将建基面抬高,可减小27.5 m安装间段和24.5 m安装间段的高差,对缩小二者之间的不均匀沉降有利,故电站厂房段建基面依据位置的不同,高程抬高到90.0~92.0 m。

4.2.2 地基处理方案调整

4.2.2.1 地基处理方案选择

电站地基处理的目的是提高局部软弱岩层的地基承载力和变形模量,增强地基的整体性,减少厂房基础的沉降量和差异沉降,根据目前国内对于地基处理方案的调研,设计针对可能用于西霞院电站地基处理的各种方案作出比选,比选结果如下:

(1)固结灌浆加固方案。该方案的优点是施工简单,在水利工程上地基处理采用较为广泛,可以用来提高岩体的弹性模量和承载力,增进地基的均一性,减少沉降和不均匀变形。但是,由于西霞院地层的可灌性很差,无法达到提高地基强度和改善其均匀性的目的,该结论经过现场灌浆试验得到了验证。因此,在施工图阶段取消了固结灌浆方案。

(2)钢筋混凝土桩方案。混凝土灌注桩作为工民建和路桥建设工程的深层地基处理方案在国内应用较为普遍,同时对于上述行业均已有完善的国家规范,并积累了一定的工程经验,方案是成熟的、可靠的。缺点是该方案属于刚性地基处理方案,基础的变形协调需要在整个场地的基础下部都打桩,工期长,造价很高,不经济。桩基方案不作为推荐方案。

（3）高压喷射注浆法。该方法的优点是桩体强度较高，施工无振动、噪声低，适用面广，造价比较低。缺点是由于西霞院电站地基相变较大，各种地层交错，而旋喷参数及工艺流程要求较高，施工质量不易保证，无法达到设计预想的处理效果，另外对场地污染严重。因此，旋喷桩方案也不作为推荐方案。

（4）素混凝土桩法。素混凝土桩复合地基可充分发挥桩间土的作用，尤其在场地土承载力较高的情况下，效果更为显著，同时施工质量较易控制，适用于对承载力及环境要求较高的工程。缺点是造价较高，对于西霞院工程，由于地基岩性相变比较大，常规施工机械施工困难，实际施工中采用回转钻和冲击钻结合的形式。为解决桩基施工对于地层的扰动，所有桩基均采用后灌浆加固。

鉴于西霞院工程的重要性，设计认为素混凝土桩法是目前西霞院电站坝段地基处理较为稳妥可靠的经济方案，故建议采用素混凝土桩对西霞院电站坝段进行复合地基处理。

4.2.2.2　素混凝土桩布置

（1）素混凝土桩的布置（见图4-20），主要是针对电站基础上下游应力集中部位和局部承载力较小的岩层，同时兼顾在防渗墙施工中对周围地层扰动的加固处理。素混凝土布桩及桩长布置原则如下：

①桩体直径的确定：考虑西霞院地基软硬相间，从减小对于地基土的扰动来看，应确定较大直径的桩，设计原考虑采用1.2 m直径的桩，现场为此曾经进行了3根桩试验，存在施工进度慢和塌孔严重的情况，经过综合考虑，设计最终选定素混凝土桩桩径为0.8 m。

②桩体间距的确定：西霞院地基的处理原则是按照局部加强、疏桩布置的原则设计的，考虑疏桩的布桩机制一般是不小于6倍的桩径，故采用6倍桩径间距布置。

③桩体深度的确定：桩体深度的确定经历了两个阶段：第一个阶段是现场防渗墙施工前，桩体长度的采用主要是置换的目的，布桩的原则是根据地质剖面中黏土类地层（即 I-2地层）分布，桩的长度选择主要为15.0 m和20.0 m两种，同时均采用后灌浆工艺；第二个阶段是现场防渗墙施工开始后，由于地质复杂、地下水头高，对原第三系地层的扰动，在施工过程中发生了多次塌孔，塌孔槽段总数为32个，占槽段总数的61.5%。鉴于防渗墙施工中出现的塌孔情况，对防渗墙周围的桩体进行了加深，主要目的是通过混凝土的置换和桩体后灌浆来弥补由于防渗墙施工对于原地基的破坏。桩体长度调整如下：防渗墙两侧桩长为30 m；距上游防渗墙和左右侧防渗墙的第二排桩长为25 m，第三排桩为20 m；其他区域桩体长度布置原则不变，仍为15.0 m和20.0 m两种，详见图4-20。

（2）为了保证后灌浆的处理效果，按照现场施工情况提出了后灌浆技术的要求：

①对30 m长桩分5段灌浆，25 m长桩分4段灌浆，20 m长桩分3段灌浆。

②压浆要求建议可采用劈裂灌浆工艺，分段由上至下逐段加压，可根据上部地层抬动观测情况，最大压力可达到2.2 MPa左右。

③压浆浆液可采用0.6:1、0.8:1、1:1三种变换灌浆，由稀到浓。

（3）为了避免素混凝土桩的桩顶应力集中，在桩体上部设置400 mm厚的碎石垫层，具体要求如下：

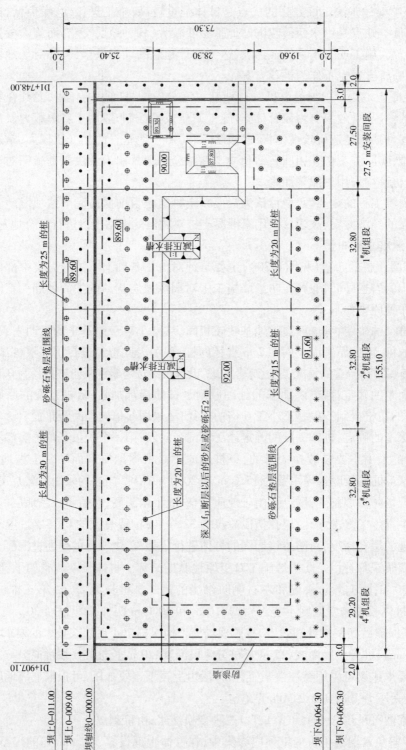

图 4-20 素混凝土桩平面布置图 （单位：m）

①砂砾料中不应含有耕(植)土、淤泥质土和其他杂物,有机质含量不应大于3%。

②砂石垫层中采用级配混凝土砂石料,砂石料粒径级配为0~5 mm、5~20 mm、20~40 mm 和40~80 mm 四种,上述四种级配分别占全重的25%。

③对于砂石垫层,应进行颗粒级配掺合试验,以达到较大的干密度,碾压后密实度大于0.97。

(4)桩基施工措施

①桩基施工平台设置在94.8 m高程,距建基面深度为3.0~5.0 m,避免泥浆和设备移动对建基面的影响。

②在施工中建议在厂房基坑内增设水位观测井,确保防渗墙、素混凝土桩及电站建基面开挖应严格控制地下水位低于建基面1.5 m,以确保基坑开挖及桩基施工中能做到对原地基扰动最小。

4.3 稳定和地基应力计算

4.3.1 计算工况和条件

4.3.1.1 基岩抗滑指标

对每个建筑物坝段建基面,均有泥(岩)类、砂类和砂卵石不同地层出露,各地层与混凝土接触面摩擦系数见表4-8。设计采用基底的摩擦系数按照基底不同岩性面积加权平均,加权平均后将岩体参数中的黏聚力 c 值作为安全储备,具体采用参数见表4-9。

表4-8 岩土体与混凝土接触面摩擦系数采用值

地层	摩擦系数
泥(岩)类地层(Ⅰ-1 类)	0.35
黏土类地层(Ⅰ-2 类)	0.25
砂类地层(Ⅱ类)	0.4
砂卵石层(alQ₂)	0.5

表4-9 摩擦系数加权平均值

序号	建筑物部位	岩体摩擦系数 f 综合值	建基面出露岩石情况	建基面高程
1	4#机组	0.35	泥(岩)类和砂类地层	上游90.0 m,下游92.0 m
2	3#机组	0.34	黏土类地层和砂类地层	上游90.0 m,下游92.0 m
3	2#机组	0.35	黏土类、泥(岩)类和砂类地层	上游90.0 m,下游92.0 m

序号	建筑物部位	岩体摩擦系数 f 综合值	建基面出露岩石情况	建基面高程
4	1# 机组	0.37	泥(岩)类和砂类地层	上游 90.0 m，下游 92.0 m
5	主安装间	0.39	泥(岩)类、砂类和砂卵石地层	上游 90.0 m，下游 92.0 m
6	副安装间	0.45	回填砂卵石层	上游 105.0 m，下游 110.1 m

4.3.1.2　地基承载力修正值

地基允许承载力(承载力标准值)是以现场载荷试验成果为基础,参照标准贯入试验、旁压试验、行业规范的经验分析确定的,详见表 4-10。由于载荷试验及其他确定承载力的方法均没有考虑围压和基础的尺寸效应,根据地质报告建议,承载力应进行深度和宽度修正。根据相应规范对地基允许承载力(承载力标准值)进行修正计算,计算结果综合分析后,确定电站坝段地基规范承载力允许值。根据泵站规范、路桥规范和建筑地基规范三种地基规范计算结果,经过对比分析,设计建议采用建筑地基规范修正后的允许承载力,见表 4-11。

表 4-10　承载力综合指标建议值

地层类别	承载力(kPa)
泥(岩)类地层(Ⅰ-1 类)	450
黏土类地层(Ⅰ-2 类)	275
砂类地层(Ⅱ类)	300
砂卵石层(alQ_2)	600

表 4-11　电站坝段地基允许承载力采用值

坝段	岩性	地基承载力标准值 f_{ak} (kPa)	采用泵站规范修正后的地基允许承载力 f_a (kPa)	采用路桥规范修正后的地基允许承载力 f_a (kPa)	采用建筑地基规范修正后的地基允许承载力 f_a (kPa)	地基土屈服强度或极限强度 (kPa)	设计采用的地基允许承载力 f_a (kPa)
机组段	砂类地层	300	714	644	573	600	573
	泥(岩)类地层	450	843	569	578	950	578
	黏土类地层	275	638	507	476	550	476
安装间段	砂类地层	300	941	908	772	600	600
	泥(岩)类地层	450	1 043	743	689	950	689
	黏土类地层	275	713	568	514	550	514

4.3.1.3 安全系数和计算标准

电站基础坐落在软岩上,根据电站坝段结构布置情况,分别取 4# 机组段、标准机组段 (1# ~3# 机组)、主安装间段和副安装间段作为计算单元。根据工程等级划分,电站按 2 级建筑物设计。

电站稳定计算根据力学平衡理论和《水电站厂房设计规范》(SL 266—2001)第 3.3 "整体稳定及地基应力计算"的有关运算公式进行计算,取相邻顺水流向永久缝之间的坝段作为计算单元。电站坝段的稳定计算包括基底应力、抗滑稳定安全系数和抗浮稳定安全系数。其计算需要满足的有关条件及电站各项安全指标见表 4-12。

表 4-12 电站基底应力、抗滑稳定和抗浮稳定安全系数允许值

组合		基底应力			抗滑稳定 $[K_c]$	抗浮稳定 $[K_f]$
		$\sigma \leqslant [\sigma]$	$\sigma_{max} \leqslant 1.2[\sigma]$	$\sigma_{max}/\sigma_{min}$		
基本组合	4# 机组	$\sigma \leqslant 573$ kPa	$\sigma_{max} \leqslant 688$ kPa	2.0	1.30	1.10
	1#、2#、3# 机组	$\sigma \leqslant 476$ kPa	$\sigma_{max} \leqslant 571$ kPa			
	主安装间	$\sigma \leqslant 514$ kPa	$\sigma_{max} \leqslant 617$ kPa			
	副安装间	$\sigma \leqslant 400$ kPa	$\sigma_{max} \leqslant 480$ kPa			
特殊组合（检修与校核）	4# 机组	$\sigma \leqslant 573$ kPa	$\sigma_{max} \leqslant 688$ kPa	2.5	1.15	1.10
	1#、2#、3# 机组	$\sigma \leqslant 476$ kPa	$\sigma_{max} \leqslant 571$ kPa			
	主安装间	$\sigma \leqslant 514$ kPa	$\sigma_{max} \leqslant 617$ kPa			
	副安装间	$\sigma \leqslant 400$ kPa	$\sigma_{max} \leqslant 480$ kPa			
特殊组合（地震情况）	4# 机组	$\sigma \leqslant 573$ kPa	$\sigma_{max} \leqslant 688$ kPa	2.5	1.05	1.10
	1#、2#、3# 机组	$\sigma \leqslant 476$ kPa	$\sigma_{max} \leqslant 571$ kPa			
	主安装间	$\sigma \leqslant 514$ kPa	$\sigma_{max} \leqslant 617$ kPa			
	副安装间	$\sigma \leqslant 400$ kPa	$\sigma_{max} \leqslant 480$ kPa			

4.3.2 计算工况

4.3.2.1 计算滑动面确定

根据本工程的岩性特点,坝基滑动存在四种可能的滑动面:

(1)沿建基面的水平滑动面。经计算,如果建基面为水平面,坝体将沿建基面产生水平滑动。当设置前齿槽后,齿槽的抗剪作用使滑动面降低到齿槽底面。齿槽采用钢筋混凝土结构,其抗剪强度按照 2 MPa,齿槽抗剪能力达 1 168 000 kN,因此坝体不会切断齿槽沿建基面滑动。

(2)沿齿槽底面至电站下游基底末端斜面滑动。这种情况为斜面滑动,除用了一部分岩体抗滑外,还可利用建筑物和岩体自重在斜滑动面上产生抗滑力,使抗滑稳定安全系数大于沿齿槽底部水平面滑动。

(3)沿土层内部深层滑动,采用双层滑面和单层滑面软弱土层滑动分析,经计算,不存在深层滑动的可能性。

(4)沿齿槽底部水平深层滑动,经计算,这是最危险的滑动面。

4.3.2.2 深层滑动验算

为研究基础滑动面的真实形态,本次补充成果采用有限元进行了基础滑动最小安全系数控制线分析(抗剪安全指标 ζ 为竖向应力 σ_y 与水平剪应力 τ_{xy} 的运算值,$\zeta = f\sigma_y - K|\tau_{xy}|$),计算选取厂房 $2^{\#}$ 机组中心线、$4^{\#}$ 机组中心线、27.5 m 安装间段中心线三个横断面进行计算,计算范围为坝上 0 - 159.00 到坝下 0 + 215.00,基底取到高程 - 100.00 m,基础最大限度模拟各地层。计算结果表明,滑动面基本是沿齿槽底部水平面深层滑动,然后推动尾部岩体形成双滑面。其分析结果与采用结构力学方法分析的结果相同,故确定本工程坝体滑动形态为沿齿槽底部水平深层滑动,推动尾部岩体滑动的双面滑动。

4.3.2.3 计算工况确定

根据厂房设计规范中荷载组合,确定 $1^{\#}$ ~ $3^{\#}$ 机组坝段稳定计算工况为 7 种,$4^{\#}$ 机组坝段为 8 种计算工况,主安装间坝段为 7 种计算工况,副安装间坝段为 6 种计算工况(见图 4-21)。其中扬压力包括浮托力和渗透压力。浮托力按不同下游水位的水深计算。渗透压力采用电站坝段设置防渗墙并且假设电站坝基为均质体的防渗计算结果。

4.3.3 计算结果

从抗滑稳定和基础应力计算结果可以看出,经厂房坝段 8 组工况、安装间 8 组工况计算结果整理,所有工况下的抗滑安全系数和抗浮安全系数均满足规范要求,结果见表 4-13 ~ 表 4-16。

基底不均匀系数小于规范要求,基本组合时 $\sigma_{max}/\sigma_{min} \leqslant 2.0$,特殊组合时 $\sigma_{max}/\sigma_{min} \leqslant 2.5$。

$1^{\#}$、$2^{\#}$、$3^{\#}$ 机组段地基应力控制工况为机组未安装工况,鉴于在该坝段地基应力较大部位的 B 区黏土类地层有一定分布,采用黏土地层允许承载力修正值($f_a = 476$ kPa)控制,经计算可以满足要求,其中基础最大应力为 546/1.2 = 455(kPa) < 476 kPa,平均应力为 443 kPa < 476 kPa。

$4^{\#}$ 机组段地基应力控制工况为机组安装工况,鉴于在该坝段以砂类地层分布为主,黏土类地层分布较少,该坝段建议采用砂类地层允许承载力修正值($f_a = 573$ kPa)控制地基应力,经计算可满足设计要求,基础最大应力为 691/1.2 = 576 kPa ≈ 573 kPa,平均应力为 533 kPa < 573 kPa。

主安装间坝段地基应力控制工况为完建期工况,鉴于在该坝段地基应力较大部位的 B 区黏土类地层有一定分布,采用黏土地层允许承载力修正值($f_a = 514$ kPa)控制,经计算可

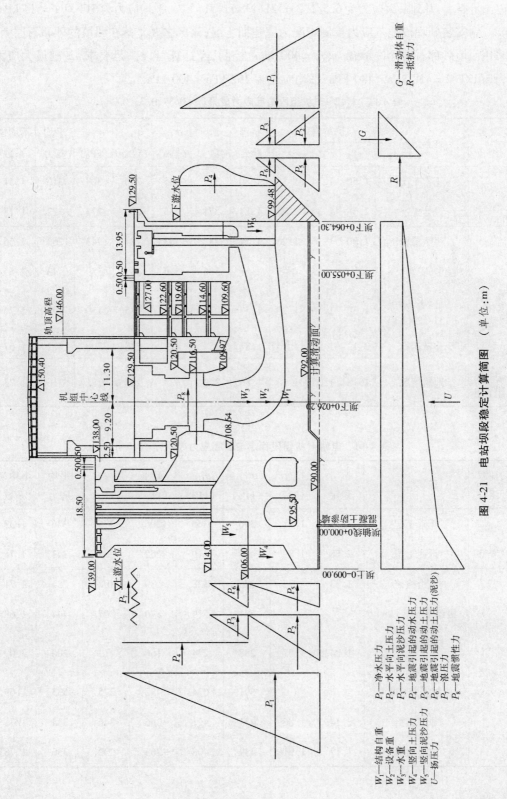

图 4-21　电站坝段稳定计算简图　（单位：m）

W_1—结构自重
W_2—设备重
W_3—水平向土压力
W_4—竖向土压力
W_5—竖向泥沙压力
U—扬压力

P_1—净水压力
P_2—水平向土压力
P_3—水平向泥沙压力
P_4—地震引起的动水压力
P_5—地震引起的动水土压力
P_6—地震引起的动水土压力(泥沙)
P_7—浪压力
P_8—地震惯性力

G—滑动体自重
R—抵抗力

以满足要求,基础最大应力为625/1.2=521(kPa)≈514 kPa,平均应力为514 kPa=514 kPa。

副安装间坝段地基应力控制工况为完建期工况,该区主要坐落在回填的砂卵石层上,采用回填砂卵石层允许承载力(f_a=400 kPa)控制,经计算可以满足要求,基础最大应力为501/1.2=418 kPa<480 kPa,平均应力为362 kPa<400 kPa。

表4-13　$1^{\#}$、$2^{\#}$、$3^{\#}$机组段基底应力成果(f=0.37、0.33、0.34)

荷载组合	计算情况	抗滑稳定			抗浮稳定	$\sigma_{上右}$ (kPa)	$\sigma_{上左}$ (kPa)	$\sigma_{下右}$ (kPa)	$\sigma_{下左}$ (kPa)	平均应力	不均匀系数
		$1^{\#}$	$2^{\#}$	$3^{\#}$							
基本组合	正常工况	1.50	1.34	1.38	1.86	322	385	246	309	316	1.31
	设计工况	2.58	2.30	2.37	1.84	371	435	208	273	322	1.78
特殊组合Ⅰ	机组检修	1.30	1.16	1.20	1.71	282	343	181	243	262	1.56
	机组未安装(98)					526	546	339	359	443	1.55
	机组未安装(131/120.03)	1.30	1.16	1.20	1.57	238	262	135	159	199	1.76
	非常运行	2.12	1.89	1.95	1.81	354	419	225	290	322	1.57
特殊组合Ⅱ	地震情况	1.18	1.05	1.08	1.86	360	423	208	271	316	1.73

表4-14　电站$4^{\#}$机组段稳定与基底应力成果(f=0.35)

荷载组合	计算情况	抗滑稳定	抗浮稳定	$\sigma_{上右}$ (kPa)	$\sigma_{上左}$ (kPa)	$\sigma_{下右}$ (kPa)	$\sigma_{下左}$ (kPa)	平均应力	不均匀系数
基本组合	正常工况	1.51	1.91	396	365	306	275	336	1.33
	设计工况	2.58	1.89	444	419	262	238	341	1.76
特殊组合	机组检修	1.33	1.77	375	328	239	192	284	1.71
	机组未安装(98)			581	519	370	307	444	1.69
	机组未安装(131/120.03)	1.24	1.57	288	234	166	112	200	2.09
	机组安装(98)			691	634	432	375	533	1.69
	非常运行	2.14	1.86	441	421	266	246	344	1.71
	地震情况	1.17	1.91	439	408	263	232	336	1.76

表 4-15　电站主安装间段稳定与基底应力成果($f = 0.39$)

荷载组合	计算情况	抗滑稳定	抗浮稳定	$\sigma_{上右}$ (kPa)	$\sigma_{上左}$ (kPa)	$\sigma_{下右}$ (kPa)	$\sigma_{下左}$ (kPa)	平均应力	不均匀系数
基本组合	正常工况	1.56	1.77	292	270	299	277	285	1.08
	设计工况	2.47	1.75	386	274	296	185	285	1.60
特殊组合	排沙洞检修	1.25	1.71	269	270	255	256	263	1.00
	消力池检修	1.53	1.75	301	284	271	253	277	1.07
	施工完建(98)			521	625	403	508	514	1.26
	非常运行	1.90	1.71	388	240	325	178	283	1.83
	地震情况	1.21	1.77	252	230	339	317	285	1.07

表 4-16　电站副安装间段稳定与基底应力成果($f = 0.45$)

荷载组合	计算情况	抗滑稳定	抗浮稳定	$\sigma_{上右}$ (kPa)	$\sigma_{上左}$ (kPa)	$\sigma_{下右}$ (kPa)	$\sigma_{下左}$ (kPa)	平均应力	不均匀系数
基本组合	正常工况	3.07	2.83	253	204	250	201	227	1.01
	设计工况	3.50	2.10	265	189	181	106	185	1.78
特殊组合	施工完建(98)			501	443	280	222	362	2.00
	初期运行	4.79	2.89	297	248	217	168	233	1.48
	非常运行	2.34	1.98	240	155	190	106	173	1.46
	地震情况	2.43	2.83	291	161	293	163	227	1.01

4.4　地基沉降计算

鉴于西霞院电站坝段地基地层的复杂性,除根据规范计算外,还采用了非线性三维有限元进行计算分析,同时类比了与本工程地质条件相似的沙坡头电站试验和观测成果。

4.4.1　规范法沉降计算

目前水电站厂房规范对于沉降计算建议采用分层总和法进行计算。

建筑地基规范建议采用应力面积法计算。

两种方法的基本计算原理完全相同,不同之处是厂房规范建议沉降计算经验系数 Ψ_c 取值均为1.0,而建筑地基规范建议沉降计算经验系数 Ψ_c 按照地基土的软硬程度取值为 $0.2 \sim 1.4$,土层硬取小值,土层软取大值。

对于西霞院电站的软岩地层,设计认为应采用建筑地基规范的沉降计算经验系数 Ψ_c,原因如下:不论是分层总和法还是应力面积法,对于坚硬密实的低压缩性地基土计算的沉降量比实测值显著偏大,除工民建观测资料证实外,也可从《公路桥涵地基与基础设计规范》(JTG D63—2007)中得到证实,同时黄河上的沙坡头电站沉降观测结果也可作为实例,详见表4-20;对于软土等高压缩性土,则理论计算值比实测值偏小,对于该部分的沉降计算修正除工民建观测资料证实外,也可从水闸规范相关规定中得到印证。

鉴于电站地基基本具有硬土的特性,地基变形采用《建筑地基基础设计规范》(GB 50007—2011)第5.3.5条地基最终变形量计算公式

$$S = \Psi_c S' = \Psi_c \sum_{i=1}^{n} P_0/E_{si}(a_i z_i - a_{i-1} z_{i-1}) \tag{4-6}$$

采用开挖后再压缩曲线计算,从沉降计算结果可以看出,电站建成后最大沉降量为 65.8 mm < 100 mm,最大沉降差为15.4 mm < 20 mm,最大倾斜度为0.14‰ < 0.7‰,可以满足机组安全运行要求。计算结果见表4-17。

表4-17　电站坝段沉降计算结果(开挖后再压缩曲线)　　　　(单位:mm)

部位	平均基底应力(kPa)	计算工况	上游沉降量	沉降差	坝段侧中点沉降量	沉降差	下游沉降量	沉降差	上下游侧倾斜度	坝段中点沉降量
27.5 m安装间坝段	514	完建期	28.4		34.2		24.2		0.1‰	49.3
				2.3		2.2		1.0		
1#机组段	443	二期未浇	26.1		32		23.2		0.04‰	48.6
				6.3		5.8		0.8		
2#机组段	443	二期未浇	32.4		37.8		22.4		0.14‰	57.5
				5.3		9.6		3		
3#机组段	443	二期未浇	27.1		28.2		19.4		0.11‰	46.6
				8.8		15.4		7.2		
4#机组段	533	完建期	35.9		43.6		26.6		0.13‰	65.8

4.4.2　有限元沉降计算结果

4.4.2.1　计算说明

采用三维有限元法对电站坝段及相邻坝段地基沉降及基础变形进行非线性分析,地基岩层概化为两大类岩性地层,即砂(岩)类地层和泥(岩)类地层。岩土材料的应力应变关系呈明显的非线性特征,计算采用邓肯-张(E-B)模型。

建筑物模型简化:每个机组建立单独的简化底板,各机组段之间只有底部一个节点相连。根据抗滑稳定计算的地基应力结果,对各个机组简化后的建筑物底板施加荷载。

4.4.2.2 **计算结果**

（1）基坑开挖完成后，开挖回弹量主要由上层挖除砂砾石层的厚度控制，挖除厚度越大，回弹量越大；挖除厚度越小，回弹量越小。其中最大回弹量为 33.25 cm，发生在基坑正中稍偏向左岸一点的位置。各机组段开挖后典型位置回弹变形值见表4-18。

表4-18　各机组段开挖后典型位置回弹变形值　　　　　（单位:cm）

工况	4#机组	3#机组	2#机组	1#机组	安装间
上游侧	28	28.5	29	30	29
机组中心线	29.5	32	33	33	31.5
下游侧	29	9.5	30	31.5	30

（2）对于设计、正常运行、施工期和地震四种工况，在上部荷载的作用下，地基发生了程度不同的沉降，在顺水流方向上游沉降大，下游沉降小。从各种工况的结果来看，施工期应作为控制工况。沉降计算结果具体见表4-19。

表4-19　各种工况基坑范围内沉降量　　　　　（单位:cm）

工况	位置	4#机组	3#机组	2#机组	1#机组	安装间
正常工况	上游侧	18.48	18.68	18.86	18.53	17.29
	机组中心线	17.70	17.51	17.55	17.59	17.26
	下游侧	15.70	15.43	15.46	15.70	15.82
设计工况	上游侧	19.40	20.01	20.29	20.04	18.25
	机组中心线	17.43	17.64	17.76	17.84	16.92
	下游侧	14.54	14.65	14.74	15.01	14.53
施工期工况	上游侧	27.56	27.27	26.94	27.41	27.05
	机组中心线	25.67	24.86	24.27	25.10	25.80
	下游侧	22.00	21.16	20.54	21.45	22.43
地震工况	上游侧	17.73	19.04	19.63	19.56	19.39
	机组中心线	17.60	17.38	17.45	17.58	17.63
	下游侧	14.83	14.56	14.73	15.31	16.09

（3）鉴于地基开挖是按照设计图纸进行的，无论开挖回弹量为多少都应挖除，最终开挖完成的建基面仍是水平的，因此回弹量对加荷后地基沉降影响并不显著，所以在研究地基沉降时，并未与开挖前地基位移作出比较。

4.4.3　工程类比分析

按照目前的计算理论很难对地基的沉降量做到较为精确的计算，特别是对于西霞院电站具有岩土特性的软岩沉降计算分析更是困难,鉴于西霞院电站地基极软岩与已建极软岩上的黄河沙坡头电站具有一定类同性,将沙坡头电站坝基沉降变形试验和变形观测资料汇总如表 4-20 所示,西霞院电站坝段沉降成果汇总见表 4-21。

表 4-20 沙坡头电站坝基沉降变形试验和变形观测资料汇总

岩性	极限荷载平均值(MPa)	单轴试验的变形模量(MPa)	试验最大沉降量(mm)(圆形承压板,直径为 1 m)	承载力标准值(MPa)	修正后的地基允许承载力值(MPa)	坝基基础最大平均应力(MPa)	混凝土浇筑期最大回弹变形(mm)	混凝土浇筑期最大压缩变形(mm)
灰质泥岩	0.815	33.40	30.07	0.35	0.42	0.344	32.13(开挖深度 25.19 m)	10.35
杂色泥岩	0.654	11.3	21.7	0.32	0.40	0.344	23.15(开挖深度 25.19 m)	5.03

注:本表数据摘录自 2003 年 9 月沙坡头电站蓄水自检报告。

表 4-21 西霞院电站坝段沉降成果汇总

岩性	极限强度(MPa)	变形模量(MPa)	试验最大沉降量(mm)(承压板,尺寸 0.7 m×0.7 m)	试验最大回弹量(mm)(承压板,尺寸 0.7 m×0.7 m)	承载力标准值(MPa)	修正后的地基允许承载力值(MPa)	坝基基础最大平均应力(MPa)	计算最大压缩变形(mm)
黏土岩	0.55	30	9.138	3.243	0.275	0.476	0.443	65.8
砂类地层	0.60	40	9.83	6.48	0.30	0.573	0.533	65.8

从沙坡头电站坝基沉降变形试验和变形观测资料汇总中可以看出,对于深基坑具有较大的回弹变形,而后期沉降变形较小,但考虑沙坡头电站坝基以泥岩和页岩为主,岩石较为软弱,发生塑性变形后的残余变形大,储存的弹性变形较少,加荷压缩变形普遍滞后,目前沉降变形没有最终完成,最终沉降量会有所增加,但是增加幅度会有限。

西霞院电站坝段地基主要为上第三系泥(岩)类、黏土类、中细砂和第四系砂砾石地层,其各地层变形模量均高于沙坡头电站地基底层变形模量的 1.2 倍,地基应力大于沙坡头电站的地基应力 1.5 倍,按上述比例推测西霞院电站施工期最大沉降量为 10~20 mm。

4.4.4 沉降计算结论

(1)沉降量的大小取决于计算采用的弹性模量,绝对沉降值随弹性模量的取值基本呈线性变化。

(2)非线性有限元计算结果显示建筑物沉降绝对值较大(如考虑开挖回弹影响,该值应明显减小),建筑物相对沉降值不大,机组段之间的沉降差均小于 10 mm,1[#] 机组段与安装间最大沉降差为 12.4 mm,发生在正常运行工况。

(3)采用规范分层总和法(开挖后压缩曲线)计算,电站建成后最大沉降量为 65.8 mm,最大沉降差为 15.4 mm,最大倾斜度为 0.14‰。

(4)类比沙坡头电站的沉降观测资料,西霞院电站的沉降变形量和沉降差不会超过按照建筑规范计算值。

通过上述分析计算和工程实例对比,西霞院电站建成后会产生一定幅度的沉降量和沉降差,考虑电站二期混凝土的调整能力,同时要求机组段之间的机组连接管道设置沉降差调整套管,可以认为目前的沉降计算值可以保证电站安全运行。

4.5 其他工程措施

4.5.1 构造措施

由于电站坝段地基岩层相变较大,采取如下构造措施克服不均匀沉降差:

(1)每个坝段之间在水轮机层以下大体积混凝土范围内采用横缝灌浆加强坝段之间下部连接,横缝设置水平向键槽,同时预埋灌浆管,在后期灌浆。

(2)为监测厂房坝段止水片的运用情况和便于后期止水补救,在厂房坝段上游设止水片监测孔。

(3)对所有桩体采用后灌浆技术,根据不同的桩体长度布置后灌浆管。

(4)为了解决电站坝段地基承压水对于地基抗滑的不利影响,在基础下部 B 区铺设 0.2 m 的碎石垫层跨越主要断层 F_{13} 向下游延伸 2.0 m。

(5)对于所有贯穿相邻坝段的机组管道设置沉降套管。

4.5.2 4#机组右侧和下游地基加固措施

由于 4#机组右侧未采取防渗措施,在基坑开挖、整个电站基础处理和混凝土浇筑过程中,4#机组右侧和下游边坡渗水比较大。在排水不及时的情况下,右侧和下游边坡不同程度出现了流土、塌滑现象,边坡基础扰动较大。根据观测资料,混凝土浇筑至 106 m 高程后,该部位沉降值偏大。经研究,在 4#机组右侧和下游采用旋喷桩进行基础加固处理。旋喷桩直径 60 cm,间排距 1.2 m。共布置旋喷桩 3 500 m。

4.5.3 施工排水措施

4.5.3.1 95 m 高程排水

2004 年 9 ~ 10 月在混凝土防渗墙的施工中,由于受 10 ~ 21 m 地下承压水头、高地表水和岩层中裂隙、断层滑动面等地质条件的影响,沿防渗墙轴线出现了不同程度的塌槽现象。经现场分析,认为地下承压水是造成塌孔的主要原因,施工过程中采取用增加深井、轻型井点来排降地下水和地表水的措施。沿基坑上下游分别布置了 29 口排水降压井,平均深度 35 m,并增加了部分 6 m 深轻型井点。

4.5.3.2　建基面排水

电站基础建基面主要为泥质、粉砂质黏土岩、砂层及砂砾石层,并且为互层,基础面以上为 Q_3 和 Q_4 中—强透水的砂砾石层。由于电站基础位于地下水位以下约 30 m,为确保黏土岩不受水浸泡,砂层不受地下水扰动,基础保护层开挖时必须进行基坑排水。根据现场情况,采用明排水不能满足要求。实际施工中采用轻型井点降低地下水位,效果比较好,保证了建基面保护层开挖时地下水位降至开挖面以下。轻型井点安装间距 0.8 m,单根排水深度 6.0 m,施工过程中约布置轻型井点 1 480 多根。

4.5.4　上游混凝土挡墙

厂房基坑上游面开挖高程 89.6 m,由于上游边坡断层和节理面发育,在尚未开挖至建基面时,上游边坡多次出现小塌方,影响上游边坡的安全。考虑上游 99.0 m 高程布置有浇筑混凝土的门机轨道,为确保基坑开挖后上游边坡在混凝土浇筑施工期间的稳定,根据边坡开挖揭露的地质条件,采用混凝土挡墙对上游边坡进行支护。混凝土挡墙下部为贴坡浇筑(至 96.0 m 高程),作为压重,上部为悬臂(至 99.5 m 高程),布设钢筋;部分位置(如 4# 机上游),边坡为岩土岩,小断层及滑动面发育,且滑动面有渗水,开挖后泥岩极易被渗水软化形成塌方,采用整个挡墙贴坡浇筑,将边坡及时覆盖并利用混凝土进行压重,以确保边坡在施工期间的稳定。基坑上游混凝土挡墙设计浇筑混凝土 5 734 m³,使用钢筋 28.75 t。

第5章　电站厂房软基处理施工及质量检测

5.1　电站厂房段混凝土防渗墙施工

西霞院电站厂房段混凝土防渗墙由三段组成，为"⌐"形结构，左、右侧与基础处理工程标已施工完成的防渗墙连接为整体，在厂房右侧及左侧分别往下游方向延伸64.3 m，设计墙顶高程为89.5～91.5 m，厂房区域内设计墙底高程为60.0 m，墙体厚度均为60 cm，划分为52个槽段，详见图5-1。

防渗墙轴线桩号如下：

坝轴线位置：桩号坝下0+000.00，D1+958.30～D1+722.70；

右侧施工段：桩号坝上0+000.00～坝下0+064.30，D1+902.1；

左侧施工段：桩号坝下0+000.00～坝下0+064.30，D1+735.00。

在施工中由于地质情况复杂，经建设、设计、地质、现场监理等单位研究决定，将原52个槽段重新进行划分，减少个别槽段的槽长，将52个单元划分成63个槽段。工程于2004年9月5日开工，于2005年3月24日完工，施工工期约为6个半月。防渗墙施工实际成墙面积10 759.7 m²，浇筑水下混凝土9 679 m³。

5.1.1　施工规划及总程序

5.1.1.1　规划原则

电站厂房坝段防渗墙采用分期施工方案，划分为Ⅰ期槽和Ⅱ期槽。由于厂房基础已基本完成开挖，两边延伸段均处于开挖边坡上，必须分开修建平台才能连接成整体（见图5-2、图5-3），如果各部位施工顺序规划不合理，还有可能在坡脚连接位置（特别是横向防渗墙和纵向防渗墙连接处）出现Ⅲ期施工的情况，对防渗墙施工工期将产生不利影响。综合考虑上述不利因素，施工总程序遵循以下原则进行规划：

（1）以有利于防渗墙施工，能节约工期为主线，规划各部位防渗墙的施工顺序和槽段划分。

（2）单个位置施工程序规划，以有利于总体施工和总体工期为基础，尽量减少中间不必要的施工环节。

（3）厂房基础防渗墙和左、右延伸段以及横向防渗墙交接处施工，避免出现Ⅲ期施工，合理布置开挖、回填的施工平台和施工顺序，保证总体上均为Ⅱ期施工。

（4）确保防渗墙施工安全和质量，同时在施工过程中确保临建设施不损坏厂房建面保护层。

（5）施工程序应有利于供水、供电及供浆、排浆的布置，同时满足防渗墙施工的其他要求。

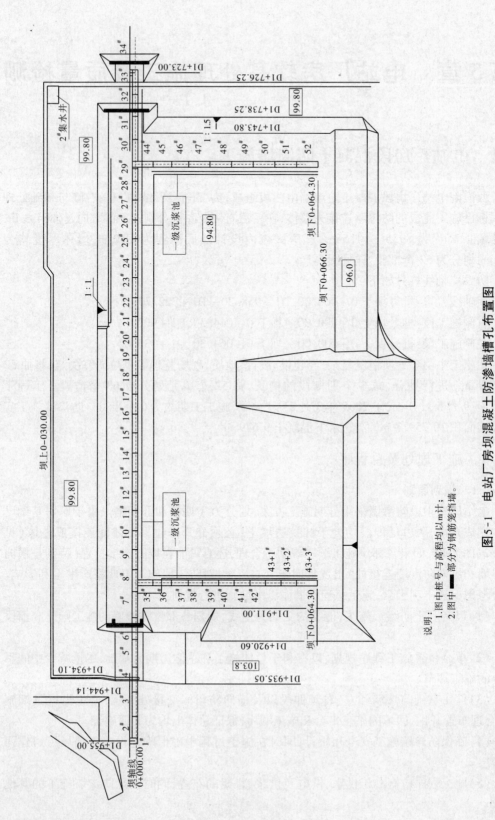

图 5-1 电站厂房坝混凝土防渗墙槽孔布置图

说明：
1.图中桩号与高程均以 m 计；
2.图中 ▬▬▬ 部分为钢筋笼挡墙。

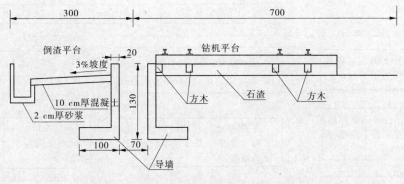

图 5-2　边坡段施工平台示意图　（单位:cm）

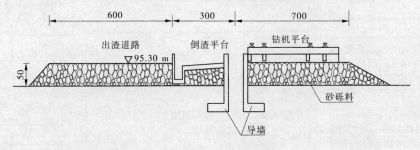

图 5-3　94.80 m 基坑段施工平台示意图　（单位:cm）

5.1.1.2　施工总程序

厂房基础防渗墙及延伸段施工总程序如图 5-4 所示。

槽孔防渗墙采用导向槽导向分期施工,根据实际情况分为两期施工,其中Ⅰ期槽 30 个,槽宽 161.33 m,Ⅱ期槽 29 个,槽宽 182.17 m。

5.1.2　开挖、回填施工及支护

前期厂房基坑按照设计图纸在临近软岩建基面已预留 1.5 m 厚保护层的开挖,厂房基坑普遍高程为 94.80 m,因沉浆池底部不得侵入基础保护层,考虑便于厂房防渗墙的施工布置(弃浆池、集水坑、排水沟)及不破坏软岩建基面的原则,把 94.80 m 高程定为防渗墙的施工平台,按照施工的先后顺序分为两期进行开挖,Ⅰ期开挖包括 3# 机组处道路的开挖修坡、4# 机组的开挖、左侧钻机平台的回填,Ⅱ期开挖包括与左、右两侧连接段的扩挖,右侧排沙洞处的扩挖。开挖施工程序如图 5-5 所示。

5.1.2.1　施工程序

开挖结合现场施工进展情况、施工道路布置及建筑物特性以及分区分层等情况分为两个施工阶段。由于基坑向下开挖至 90.0 m 高程,两侧边坡按照 1∶1.5 的坡比放坡,使原有 99.8 m 高程平台宽度变窄,因此为保证 99.8 m 高程平台作为施工道路的宽度,需对排沙洞桩号坝上 0 − 004.00 上游进行适当的扩挖,使之与 99.8 m 高程平台相连接,形成环形施工通道。

5.1.2.2　明挖施工方法及措施

采用分层开挖,每层厚度根据实际砂砾料厚度定为 2.5 ~ 3.0 m。

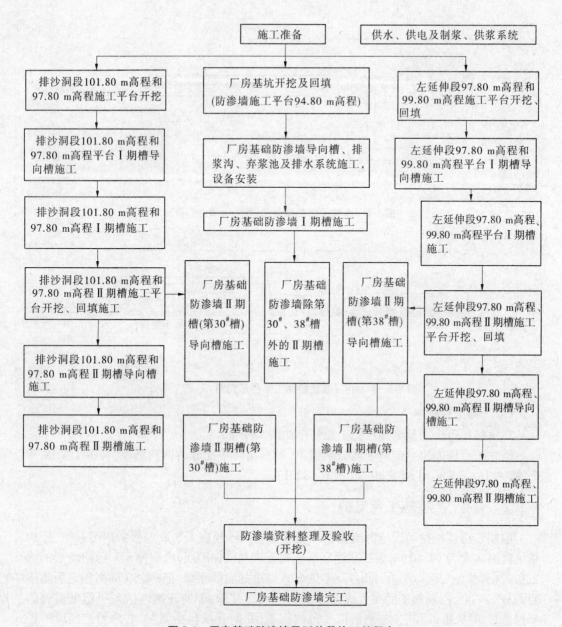

图 5-4　厂房基础防渗墙及延伸段施工总程序

开挖主要采用 1.0 m³ 斗容的 PC220 反铲开挖装 15 t 自卸车,运至 1# 堆弃渣场。开挖采取分区分层开挖,每层开挖为 2.5 m。局部采用小型机械人工配合开挖,保证开挖的质量。

在雨季施工中,要防止雨水冲刷边坡及开挖区域周边雨水汇流入开挖区内。提前开挖周边排水沟,采取相应的保护措施,保证开挖边坡的稳定;机械开挖边坡土方时,施工的边坡坡度适当留有修坡余量,再用人工修整到施工要求的坡度。

降低地下水的排水措施:根据现场情况布置和施工临时排水沟、永久排水沟,以自流及潜水泵排水,最大限度地减小雨季对施工的影响。对地下水位以下的开挖需要在旱地进行时,根据坑槽的工程地质条件,在坑槽内外暂时不影响施工的地方开挖集水坑汇水,

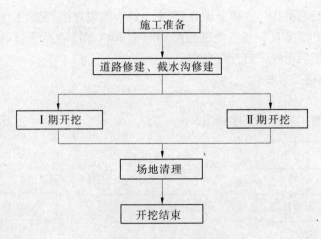

图 5-5　开挖施工程序

集水坑底部要比开挖底部低 1.0 m,采用水泵抽排集水,使地下水位降低至最低开挖面 0.5 m以下,保证开挖工作面处于旱地状态,配备必要的排水物资及排水设备。

5.1.3　施工排水

5.1.3.1　施工排水规划

施工排水的目的主要是满足前期防汛要求和厂房基坑的渗水抽排。由 1$^#$集水坑(布置有 6 台 55 kW 水泵)、2$^#$集水坑(布置有 3 台 55 kW 水泵)、临时集水坑(布置有 4 台 55 kW水泵)通过 99.8 m 高程平台的排水沟和下游坝下 0 + 136.00 处的排水沟构成整个厂房基坑的排水系统。

5.1.3.2　Ⅰ期开挖前排水规划

充分利用前期的排水系统进行布设,在厂房基坑四周坡角处设立排水沟,排水沟断面尺寸为上口 80 cm、下口 50 cm、深 50 cm。在试验坑原有的集水坑处设置 5 台 3 kW 水泵集中抽排右侧排沙洞处的渗水,通过水管抽排至 99.80 m 高程平台的排水沟;在坝下 0 + 66.30 处新增临时集水坑 2(布置 3 台 3 kW 水泵)和将原有的临时集水坑 1 向右侧移动 30 m 进行布置,临时集水坑 1 在原有的排水设备基础上新增 4 台 3 kW 水泵作为日常排水设备。下游两个集水坑的水均排至 1$^#$集水坑集中抽排至黄河。

5.1.3.3　Ⅱ期开挖前排水规划

充分利用和修复Ⅰ期的排水系统,由于施工环境的限制,部分排水沟可能与厂房基坑防渗墙的施工有冲突,在满足防渗墙施工场地的前提下尽量不要破坏原有的排水系统。在厂房基坑与排沙洞分界线扩挖处新增排水沟 30 m,与原有 99.80 m 高程平台的排水沟相连,在右侧由于右侧连接段的施工,将破坏原有排水沟,在实际施工过程中,根据实际情况尽量保留原有的排水沟。

5.1.4　防渗墙施工方法

5.1.4.1　导向槽施工

导向槽分 2 次浇筑,即先浇底板,再浇侧墙,施工工艺流程如下:

测量放线→钢筋绑扎→底板立模、混凝土浇筑→侧墙立模、混凝土浇筑→墙背回填。

导向槽采用PC220反铲进行槽段开挖,20 t自卸汽车拉渣运至指定地点弃渣。再由人工修理、平整,最后用蛙式打夯机夯实。

5.1.4.2 防渗墙施工方法

1)施工工序

混凝土防渗墙工程施工工序见图5-6。

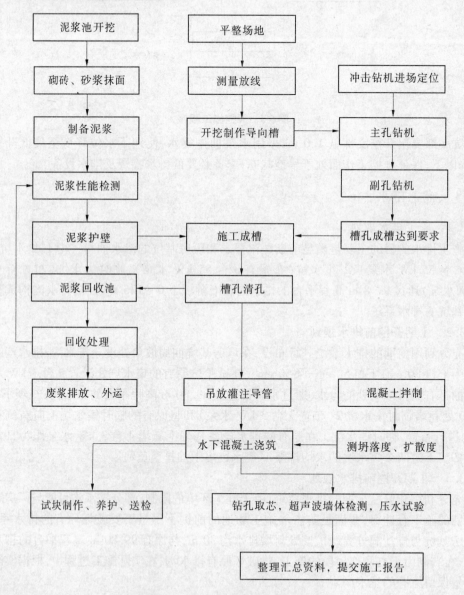

图5-6 混凝土防渗墙工程施工工序

2)槽段划分

防渗墙施工时槽孔划分为Ⅰ、Ⅱ期槽孔间隔布置,先施工Ⅰ期槽孔,后施工两个Ⅰ期槽孔间的Ⅱ期槽孔,单元槽孔长度控制在 6.2 ~ 9.0 m,根据混凝土浇筑强度应满足的上升速度与地质条件,选择槽孔长度,槽孔划分示意图见图 5-7。

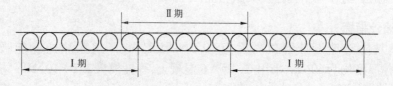

图 5-7　槽孔划分示意图

3)成槽施工

根据地质特点,结合国内外相关工程和西霞院左、右岸防渗墙试验工程及西霞院电站基坑围堰防渗墙的施工经验,采用钻劈法成槽,水下直升导管法浇筑混凝土,套打接头法进行Ⅰ、Ⅱ期槽孔连接成墙。设备主要采用 CZ - 300 型冲击钻机。

防渗墙施工质量控制的重中之重为接头孔,由于本工程防渗墙造孔深度为 35 m(加上空槽高度),为确保接头孔质量,采用单元槽段间以冲击钻凿接头孔进行连接(套打一钻法),即Ⅰ期槽孔混凝土浇筑完毕(一般 24 ~ 36 h,冬季据混凝土强度情况而定),在两端主孔位置各套打一钻,形成接头孔。从开挖后出露防渗墙的接头情况看,接头孔质量良好,基本上在凿到设计高程后,均满足要求,接头孔接缝情况良好,其中在 4# 机位置 9# 槽与 8# 槽和 9# 槽与 10# 槽的接头孔,在第一次开挖后,由于受超浇混凝土凿除的影响,接头孔外观上有一些不清楚,因此继续往下凿除 50 cm 后,经检查,接头孔接合面良好。

(1)钻劈法成槽。

①钻劈法成槽的工艺流程:冲击钻钻主孔→确定基岩面→主孔继续钻进满足入岩深度、验孔→副孔钻孔→钻劈成槽、验收单元槽→清孔换浆。

②钻劈法成槽的施工方法:其孔位布置如图 5-8 所示,施工主要从以下几方面进行:

图 5-8　钻劈法成槽孔位布置示意图

◆主孔开孔前,校正孔位,使钻头中心与孔位中心保持在同一条竖直线上。

◆钻机钻取主孔过程中,每钻进 2 m 左右进行一次孔斜检测。

◆钻孔钻进 1 ~ 2 m 进行清孔换浆,便于提高钻头下落的加速度,减少动能损耗。

◆主孔钻入基岩面,冲击钻开始钻取基岩岩样,确定终孔深度。

◆主孔完成后,开始液压抓斗抓取副孔,直到致密卵石层抓斗无法施工。

◆冲击钻开始在副孔内进行单孔钻孔,完成钻劈成槽施工。

◆对于主孔入岩深度高差较大的情况,进行分台阶劈打,高差控制在 50 cm。

(2)与已建防渗墙的连接。

由于厂房基坑防渗墙为设计新增,已建防渗墙与新浇防渗墙连接位置并未预留接头孔,因此在进行连接时只有采用冲击钻机按照设计接头孔位在已建防渗墙上重新开接头孔。由于已建防渗墙的混凝土已达设计强度,施工时极易造成偏孔,通过不断检查孔斜率,及时纠偏,严格将接头孔的孔斜率控制在规范允许范围内。

5.1.5 混凝土防渗墙的施工质量控制

5.1.5.1 设计指标

厂房基坑防渗墙设计墙顶高程为 89.5 ~ 91.5 m,厂房区域内设计墙底高程为 60.0 m,墙体厚度均为 60 cm,采用 $C_{90}15$ W6 混凝土,弹性模量 2.2×10^4 MPa,坍落度 18 ~ 22 cm,扩散度 34 ~ 40 cm。

5.1.5.2 施工质量控制

防渗墙在施工过程中,为保证槽孔的连续性,Ⅰ、Ⅱ期槽孔套接孔的两次孔中心线在任何深度的偏差值不大于墙厚的 1/3;墙段之间以套打接头的方法进行槽段连接。防渗墙施工过程质量控制标准见表 5-1。

表 5-1 防渗墙施工过程质量控制标准

项次	检查项目		质量标准
1	造孔	槽孔中心偏差	±3 cm
2		△槽孔孔深偏差	不得小于设计孔深
3		△孔斜率	端头孔≤0.2%,其他孔小于 0.4%
4		槽孔宽	≥60 cm
5	清孔	△接头刷洗	刷子、钻头不带泥屑,孔底淤积不再增加
6		△孔底清淤	≤10 cm
7		孔内浆液密度	≤1.30 g/cm³
8		浆液黏度	≤30 s
9		浆液含砂量	≤5%
10	混凝土浇筑	导管间距与埋深	两导管距离≤3.5 m;导管距孔端,Ⅰ期槽孔为≤1.5 m,Ⅱ期槽孔为≤1.0 m;1.0 m≤导管埋深≤6.0 m
11		△混凝土上升速度	≥2 m/h,或符合设计要求
12		混凝土坍落度	18 ~ 22 cm
13		混凝土扩散度	34 ~ 40 cm
14		浇筑最终高度	符合设计要求
15		△施工记录、图表	齐全、准确、清晰
16		1. 混凝土设计指标,包括抗压强度、抗渗标号、弹性模量;2. 混凝土原材料、配合比等是否符合设计要求	

5.1.5.3 泥浆配制及处理系统和管理

根据本工程的地层特点,选用低固相膨润土泥浆固壁,以保证混凝土防渗墙施工正常进行。

1）制浆材料

（1）膨润土:选用膨润土的质量标准应达到石油工业部部颁标准《钻井液用膨润土》（SY－5060—85）的要求。

（2）水:施工用水采用系统水。

（3）分散剂:选用工业用纯碱。

（4）防漏剂:选用锯末、水泥、袋装黏土等。

2）新制泥浆配比及性能指标

对于一般砂卵石层,选用表5-2内两种配合比制浆,其他地层可参照此配合比,并根据实际情况加以调整。

表5-2　泥浆配合比

地层	配合比（%）			
	膨润土	纯碱	CMC	水
一般	6~8	0.3~0.5	0.05~0.1	100
漏失	10	0.3~0.5	0.1~0.2	100

根据上述配合比,泥浆应达到的性能指标如表5-3所示。

表5-3　泥浆性能指标

地层	性能指标							
	比重	漏斗黏度（s）	失水量（mL/30 min）	泥皮厚（mm）	塑性黏度 μ_p	10 min 静切力（N/m²）	动切力（N/m²）	pH 值
一般	1.06	16~22	<15	<1.5	<15	2~4	4~8	8.5~10
漏失	1.08	18~25	<15	<2.0	<20	4~8	6~15	8.5~10

3）泥浆拌制方法和质量控制

（1）泥浆拌制选用高效、低噪声的高速回转搅拌机（ZJ400L型制浆机2台,其中1台备用）,制浆能力300 m³/d,可满足现场使用。

（2）每槽膨润土浆的搅拌时间为3~5 min。

（3）应按规定的配合比配制泥浆,各种材料的加量误差不大于5%。

（4）新制膨润土浆需存放24 h,经充分水化溶胀后方能使用。

（5）储浆池内泥浆应经常搅动,保持指标均一,避免沉淀或离析。

（6）在浇筑过程中,槽孔内上部的泥浆可通过泵经过管道送往沉淀池,经沉淀后再循环使用。下部污染泥浆通过砂石泵排往下游。

（7）槽内泥浆的性能指标（对一般地层）的控制标准见表5-4。

表5-4　槽内泥浆性能指标的控制标准

试验项目	比重	漏斗黏度（s）	含砂量（%）	pH 值
指标	<1.30	28~35	<10	>7,<11

上述指标亦可作为清孔换浆的控制标准。

4）泥浆检测和控制要求

（1）每日检测项目：在搅拌机中取样，经水化溶膨 24 h 后测定比重、漏斗黏度、含砂量。

（2）在主孔正常钻进时，对经循环浆沟回到孔内的泥浆应取样检测一次，检测项目是比重、漏斗黏度、含砂量和 pH 值。

（3）其他注意事项：

①槽孔和储浆池周围应设置排水沟，防止地表污水或雨水污染泥浆。

②混凝土浇筑时，应防止混凝土洒落槽内，污染浆液。被混凝土置换出来的泥浆、距混凝土面 2 m 以内的泥浆，因污染较严重，应予以废弃。

③成槽过程中，当发现泥浆漏失较严重时，可在槽内投放锯末等堵漏材料止漏；如遇严重漏失，应向孔内抛填黏土、水泥堵漏。

5）材料的运输和存储

（1）膨润土：根据现场施工条件采用袋装运输，确保膨润土在运到工地时不受潮及不受其他杂物污染。

（2）外加剂：储存必须避免污染。

5.1.5.4　混凝土浇筑

（1）泥浆下浇筑混凝土应采用直升导管法（见图 5-9）。当孔槽内使用两套以上导管时，间距不得大于 3.5 m（如增大埋深较浅槽段的长度），Ⅰ期槽段的导管距孔端宜为 1.0～1.5 m，Ⅱ期槽段的导管距孔端宜为 1.0 m。具体施工如槽底高差大于 25 cm，导管应布置在其控制范围的最低处。

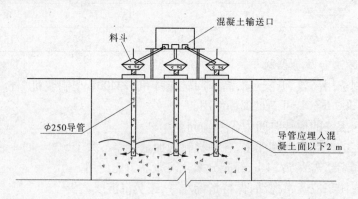

图 5-9　混凝土灌注示意图

（2）先注入水泥砂浆。

（3）导管的连接和密封必须可靠，接头处和管壁严禁漏浆。导管底口距槽底应控制在 15～25 cm。

（4）开浇前，导管内应置入可浮起的隔离塞球，开浇时，应先注入水泥砂浆。

（5）随即浇入足够的混凝土，挤出塞球并埋住导管底端。

（6）浇筑过程需遵守下列规定：导管底口要求始终埋入混凝土内，导管埋入混凝土深度不得小于 1.0 m,且不宜大于 6.0 m。

（7）混凝土浇筑要求连续、不间断一次完成。

①混凝土面上升速度不应小于 2 m/h;

②混凝土面应均匀上升,各处高差应控制在 0.5 m 以内;

③每隔 30 min 测量一次槽孔内混凝土面深度,每隔 2 h 测量一次导管内混凝土面深度,在开浇和终浇阶段应适当控制浇筑速度,并相应增加测量次数;

④槽孔口应设置盖板,避免混凝土散落槽孔内;

⑤不符合质量要求的混凝土严禁浇筑;

⑥应防止入管的混凝土将空气压入导管内。

（8）泥浆下混凝土浇筑的其他要求按规范的有关规定执行。

厂房基础防渗墙混凝土浇筑情况汇总详见表 5-5。

表 5-5　厂房基础防渗墙混凝土浇筑情况汇总

槽孔号	平均孔深 （m）	平均孔宽 （m）	理论方量 （m³）	浇筑日期 （年-月-日）	起止时间 （时:分）	浇筑历时 （h　min）	实浇方量 （m³）	扩孔系数	成墙面积 （m²）	混凝土 强度
1#	26.80	0.65	37.2	2004-11-19	21:50～00:48	3　58	40.0	1.08	52.80	34.2
2#	26.80	0.73	130.7	2004-11-06	18:04～23:03	4　59	163.0	1.22	201.60	35.4
3#	29.90	0.68	144.3	2004-10-20	15:28～20:45	5　17	163.0	1.13	214.80	38.3
4#	34.30	0.75	199.6	2004-10-01	15:15～01:21	10　06	233.0	1.25	308.70	43.1
5-1#	29.30	0.65	130.7	2004-11-23	13:16～19:03	5　47	141.0	1.08	197.40	34.3
5-2#	31.80	0.68	104.5	2004-12-11	02:25～08:45	6　20	119.0	1.13	152.50	37.1
6#	31.80	0.68	140.0	2004-10-13	16:17～00:40	8　23	154.0	1.13	210.45	31.4
7#	27.11	1.00	162.5	2004-12-03	21:43～05:36	7　53	274.0	1.67	240.32	46.2
8#	34.82	0.82	167.1	2004-10-29	21:59～07:10	9　11	229.0	1.37	221.25	40.0
9#	34.80	0.66	136.8	2004-11-19	09:49～15:50	6　01	151.0	1.1	206.50	34.1
10#	34.91	0.82	143.1	2004-10-09	19:46～03:36	7　50	211.0	1.37	194.70	34.4
11#	34.80	0.63	149.0	2004-11-01	15:39～21:53	6　14	157.0	1.05	206.50	36.9
12#	35.10	0.72	148.2	2004-10-10	16:37～01:15	8　38	175.0	1.20	191.75	38.4
13#	34.80	0.67	140.0	2004-10-31	10:45～17:59	7　14	152.5	1.12	206.50	39.8
14#	34.80	0.66	143.1	2004-10-13	10:45～17:25	6　40	157.0	1.10	191.75	35.3
15#	34.80	0.63	139.1	2004-11-03	22:51～04:40	5　49	145.0	1.05	206.50	35.6
16#	35.20	0.64	143.0	2004-10-15	14:13～19:53	5　40	155.0	1.07	191.75	43.5
17#	35.02	0.68	138.2	2004-11-24	01:14～09:25	8　11	181.0	1.13	206.50	43.0
18#	34.80	0.75	143.1	2004-10-22	11:00～17:05	6　05	178.0	1.25	191.75	38.9
19#	34.80	0.86	140.4	2004-11-18	16:38～04:29	11　51	201.0	1.43	206.50	29.9
20#	34.96	1.16	143.6	2004-10-30	13:58～02:28	12　30	278.5	1.93	191.75	35.5
21#	35.11	0.66	138.0	2004-11-21	02:50～10:02	7　12	151.0	1.10	206.50	32.7

槽孔号	平均孔深 (m)	平均孔宽 (m)	理论方量 (m³)	浇筑日期 (年-月-日)	起止时间 (时：分)	浇筑历时 (h min)		实浇方量 (m³)	扩孔系数	成墙面积 (m²)	混凝土强度
22#	34.80	0.74	141.9	2004-10-03	10：35～17：40	7	05	175.0	1.23	191.75	37.1
23#	34.80	1.06	142.7	2004-10-26	06：05～14：25	8	20	253.0	1.77	206.50	44.6
24#	34.80	0.75	144.0	2004-10-02	08：40～16：50	8	10	181.0	1.25	191.75	41.5
25#	34.80	0.68	143.6	2004-11-08	16：16～22：45	6	29	163.0	1.13	206.50	38.0
26#	34.80	1.05	143.0	2004-10-26	18：58～03：33	8	35	250.0	1.75	191.75	39.3
27-1#	34.80	0.67	76.7	2004-11-16	13：14～18：10	4	56	86.0	1.12	95.88	35.5
27-2#	34.89	0.95	104.4	2004-12-25	08：00～15：17	7	17	166.0	1.58	143.67	41.4
28#	34.80	0.71	79.0	2004-12-03	10：06～15：53	5	47	94.0	1.18	95.88	34.3
29-1#	34.80	1.10	62.6	2005-01-29	07：05～12：35	5	30	115.0	1.83	77.59	38.1
29-2#	34.84	1.78	84.4	2005-01-01	10：56～02：45	15	49	250.0	2.97	103.25	34.6
30-1#	34.80	0.63	129.7	2004-12-05	14：33～20：41	6	08	136.0	1.05	168.15	34.5
30-2#	34.96	0.62	53.1	2004-11-11	03：48～07：55	4	07	55.0	1.03	58.41	41.1
30-3#	24.80	0.63	47.8	2004-11-23	04：23～07：31	3	08	50.0	1.05	55.00	40.2
31-1#	27.98	1.06	55.1	2005-03-19	02：02～10：45	8	43	97.0	1.77	72.23	59.7
31-2#	27.80	0.79	92.9	2004-12-29	02：09～09：50	7	41	123.0	1.32	125.80	46.3
32#	29.80	0.70	125.1	2004-10-27	15：01～21：04	6	03	146.0	1.17	184.26	42.2
33#	24.87	0.65	91.5	2004-11-24	04：55～11：47	6	52	100.0	1.08	148.13	38.9
34-1#	19.80	0.67	25.1	2004-11-05	19：17～21：50	2	33	28.0	1.12	40.26	39.2
34-2#	16.00	1.20	10.0	2004-12-24	05：21～06：10	0	49	18.0	2.00	9.00	39.5
35#	34.82	0.96	144.1	2004-12-31	21：03～04：48	7	45	231.0	1.60	218.30	42.8
36#	34.80	0.67	112.9	2004-11-10	06：58～12：06	5	08	127.0	1.12	147.50	43.9
37#	34.80	0.75	133.1	2004-11-27	14：35～21：42	7	07	166.0	1.25	188.80	33.3
38#	34.80	0.61	94.4	2004-10-29	05：29～10：03	4	34	96.0	1.02	126.00	38.6
39#	35.90	0.68	135.0	2004-11-27	00：50～05：26	4	36	166.0	1.13	195.30	42.3
40#	34.99	0.60	92.7	2004-11-01	13：07～17：05	3	58	91.0	1.00	132.30	39.9
41#	34.80	0.64	131.8	2004-11-30	18：44～23：16	4	32	175.0	1.07	195.30	43.6
42#	34.95	0.785	97.1	2004-10-28	19：10～00：29	5	19	127.0	1.31	132.30	41.6
43#	35.00	0.69	137.6	2004-11-18	03：43～09：30	5	47	159.0	1.15	204.75	36.7
43-1#	34.86	0.60	90.7	2004-11-02	02：38～06：50	4	12	91.0	1.00	123.01	40.7
43+2#	34.89	0.67	130.6	2004-11-17	18：33～00：10	5	37	146.0	1.12	195.30	26.8
43+3#	34.80	0.65	101.1	2004-11-02	19：12～00：28	5	14	109.0	1.08	138.60	37.6
44-1#	37.80	0.83	71.1	2005-03-24	02：03～09：40	6	43	98	1.38	95.88	40.8
44-2#	34.80	0.78	79.0	2005-01-25	08：42～13：30	4	48	103.0	1.30	95.88	41.5

槽孔号	平均孔深 (m)	平均孔宽 (m)	理论方量 (m³)	浇筑日期 (年-月-日)	起止时间 (时:分)	浇筑历时 (h min)	实浇方量 (m³)	扩孔系数	成墙面积 (m²)	混凝土强度
45#	34.80	0.64	140.6	2004-10-28	18:23~01:40	7 17	151.0	1.07	191.75	38.7
46#	34.80	0.77	121.6	2004-12-04	22:44~04:29	5 45	157.0	1.28	177.00	44.7
47#	34.80	0.726	164.0	2004-11-04	23:27~06:50	7 23	199.0	1.21	239.40	35.1
48#	34.80	0.75	157.0	2004-11-22	04:16~11:55	7 39	196.0	1.24	236.25	38.4
49#	34.80	0.74	163.8	2004-10-27	01:37~09:11	7 34	199.0	1.23	239.40	41.4
50#	34.80	0.72	155.5	2004-11-13	09:26~16:20	6 54	187.0	1.20	236.30	48.6
51#	34.80	0.76	169.2	2004-10-25	05:01~14:25	9 24	214.0	1.27	239.40	40.9
52#	34.80	0.75	156.5	2004-11-22	19:18~02:57	7 39	196.0	1.25	236.25	34.1

5.1.5.5 降、排水施工措施

前期施工中,在防渗墙还未成槽时,多数槽段相继出现塌孔、塌槽的情况,后根据设计提供的地质资料,显示由于厂房地下承压水位较高,承压水高程为98.01(钻孔编号BK03)~114.97 m(钻孔编号 BK17),高出施工作业面(94.80 m)3.21~20.17 m,施工过程中,钻头击穿相对隔水层后,承压水渗入槽孔内,稀释孔内泥浆,部分槽段内还形成槽内浆液外溢,使施工中极易出现塌孔。同时,由于施工面在厂房已开挖的基坑内,周边平台高程均为99.80 m,高出施工面(94.80 m)5.0 m,造成施工面表层水位与施工平台高程一样,槽内泥浆液面与地下水位间形不成 2 m 以上的高差,严重削弱了浆液的护壁支撑作用。根据上述施工情况,2004 年 9 月 20 日在小浪底召开了专家咨询会议,根据会议精神,采取了以下降低地下承压水位及地表水位的措施。

1)布置减压井以降低地下承压水位

施工期间前后在厂房基坑内及外围总共布置了 21 口减压井,其中有 3 口(9#~11#)井因在下游门机平台上,未施工,上游 8#、3#、21#和 18#井因施工过程难度大,施工深度为18.95~35 m,其他各井均为 35~40 m 深,以排深层地下承压水,另在周边平台上布置了(加上原基坑试验时布置的井管)8 口浅井,排表层地下水。

上游侧井管钻孔采用乌卡斯冲击钻机施工,钻孔直径为 60 cm,基坑内两口井管采用回旋钻机施工,钻孔直径为 80 cm,安装内径 60 cm 的无砂混凝土井管。其他井管采用轻型冲击钻机施工,安装内径 40 cm 的无砂混凝土井管。采用深井泵排水。

2)布置轻型井点排水以降低地表水位

在厂房基坑周边,钻机平台后侧设置了轻型井点,管距 0.8~1.2 m,井点深度为5.5~6.0 m,对施工平台附近的表层地下水进行抽排,在部分位置起到了降低表层地下水位的作用,但有些部位因渗水量较大,加上井点布置范围有限,效果不是很明显。

3)布置降水坑

对渗水量较大的位置,如安装间上游侧,在施工平台外侧开挖集水坑,采用明排方式

降水。

4）排水效果

在布置并实施了以上排、降水措施后,对多数防渗墙槽段的施工起到了很好的作用,降低了地下承压水位,但由于厂房水文地质结构非常复杂,深层地下承压水的流向不是很清楚,部分位置承压水可能由下游补给,而减压井基本布置在上游,由此在抽排的过程中有可能形成下游水通过槽段再流至上游减压井,在槽段两侧形成水位差,反而对防渗墙施工不利,故减压井投入运行后,总体上减小了地下承压水对大多数槽段施工的影响,但从施工过程中受各种不利因素的综合作用,仍然出现大量的塌孔、塌槽情况看,降排水措施对所有槽段施工是否都起作用,不是很确定。

5.1.5.6 不良地质条件施工处理

1）泥浆漏失地层处理

当钻进冲积层、空洞及松软地层时,或泥浆使用不合理,地下水流速过大,施工往往发生泥浆漏失现象。根据泥浆漏失量大小进行定性分析,确定漏失程度及漏失部位,采取有效措施预防和处理,常用以下方法:

（1）土球堵漏:将黏土球投入孔内漏失部位,挤压捣实后再钻进,也可在黏土中掺入锯末、麻刀、干草等纤维物或直接向槽孔填入黏土和锯末、麻刀等纤维物质。

（2）堵漏泥浆堵漏:以预防为主为原则,常用以下几种堵漏泥浆:

①石灰泥浆,适用于轻微、中等和较严重漏失;

②锯末碱剂泥浆,适用于中等以上漏失;

③水泥泥浆乳,适用于中等漏失。

（3）水泥浆堵漏:对于漏失严重的地层可用速凝水泥堵漏,有氯化钙快干水泥浆、石膏水泥浆、胶质水泥等。

2）防渗墙塌孔处理

防渗墙施工过程中,发生少量的塌孔、塌槽现象一般属于正常现象,其原因有多种。西霞院工程厂房基坑防渗墙施工过程中,出现了大量的塌孔、塌槽情况,在防渗墙施工中属于极不正常的情况,究其原因,从施工处理及施工过程的各种塌孔、塌槽情况分析,可归纳为以下三个主要因素:

第一,厂房表层地下水位高,与护壁泥浆之间形不成高差,减小了泥浆的护壁作用。

第二,厂房基础下存在有多个相对隔水层,其下透水层中有承压水,承压水水头高,承压水渗入槽孔内,稀释孔内泥浆,破坏在槽壁形成的泥皮。

第三,工程地质结构复杂——断层、节理发育,泥（岩）类、黏土类、砂类地层交错,特别是坝上 0 + 000.0、D1 + 740.0 ~ D1 + 770.0 段,岩层中裂隙、滑动面、小断层发育,且多数滑动面、小断层倾角与槽孔相交,对施工极为不利。槽孔施工后,形成悬挂的三角体,时间一长就下滑,形成塌槽。坝上 0 + 000.0、D1 + 810.0 ~ D1 + 870.0 段存在同样的地质结构,施工过程中19# ~ 21#、44#、28# ~ 31#槽出现大规模的塌槽均与此有直接的关系。其余部分槽段下部为无胶结砂层和黏土岩,在地下承压水的作用下,无胶结砂层会形成流砂,而黏土岩在地下水作用下膨胀、软化等。因此,不良的地质条件加上地下承压水的综合作用,使多数槽段均出现过塌槽现象。如35#、36#槽和北侧延伸段(D1 + 753.0,坝下 0 + 000.0 ~ 0 + 064.3)等,但一般由地质因素引起的塌孔、塌槽主要集中在槽孔上部。

在施工过程中针对第一、二项采取了减压、降水措施,并加大泥浆比重;对第三项采取了减小单元槽段的长度,对原划定长度的槽段,在施工过程中重新划分为多个槽段进行施工,对地质情况较差的部位进行基础置换(如南侧延伸段38# ~ 43 + 3#槽段基础为砂层,施工前先将砂层用掺水泥的砂砾石和混凝土进行置换)等措施,对防渗墙施工中塌槽预防有一定效果。但三者综合作用形成的塌槽、塌孔只能在施工过程中进行处理。根据不同情况,分别采用了以下几种处理方法。

(1)Ⅰ期槽塌孔处理。

在Ⅰ期槽发生小范围的塌孔,钻机平台、倒渣平台无安全隐患的情况下,采用混凝土回填塌孔部位;出现大范围塌孔,钻机平台或倒渣平台下部塌孔严重,对继续施工存在安全隐患,则槽内回填黏土或砂砾石至塌孔位置下部,塌孔部位连同钻机平台和倒渣平台下面用混凝土回填(塌槽较大时视情况增设一些锚固钢筋),混凝土达到一定强度后重新钻孔,如18#、20#和35#槽等。

(2)Ⅱ期槽塌孔处理。

Ⅱ期槽小范围的塌孔时,处理方法同Ⅰ期槽;在发生大范围塌孔,倒渣平台塌空,但钻机平台无安全隐患,槽段剩余工程量不多的情况下,在倒渣平台塌空位置架设Ⅰ型钢,在Ⅰ型钢上铺焊铁皮,作为倒渣平台,导向槽内用Ⅰ型钢对撑后继续施工,如17#、19#、21#和46#等,其中46#为钻机平台塌空,倒渣平台未塌,把倒渣平台改为钻机平台,并按上述方法处理后继续施工。

(3)Ⅰ期槽空槽处理。

根据施工中发生的塌槽情况,对施工影响较大情况主要为钻机平台和倒渣平台出现塌空,故在Ⅰ期槽混凝土浇筑时,将空槽全部用混凝土浇满,使混凝土对导向槽形成支撑作用,对Ⅱ期槽施工中出现塌槽时的导向槽稳定起了较大作用。

(4)对反复出现塌槽,采取以上措施后仍不能解决问题的槽段,采用低强度等级混凝土将槽段全部回填后,再在回填混凝土内造孔成槽。如28#、35#等槽在施工中发生多次塌槽,采用了上述方法进行处理。

3)孤石、块球体的处理方法

当施工中遇到块石及块球体时,采用定向聚能爆破的方法进行处理,即在当前位置下入聚能爆破筒,炸裂岩石,而后用钻头反复冲击。如遇到特别大的孤石及块球体(直径1.2 m 以上),先采用岩芯钻机跟管钻进预爆孔,下入爆破管进行爆破,而后用钻头进行冲击,根据爆破后进尺效率测算,一般均可达到预期效果,个别超大型块石及块球体需连续进行2 ~ 3次爆破,方可达到目的。

4)成槽(孔)遇有偏斜、弯曲时的处理方法

成槽(孔)遇有偏斜、弯曲时,一般可使钻头悬空反复扫孔来使成槽(孔)正直,若所成槽(孔)偏斜严重,应回填黏性土到偏斜处,等其沉淀密实后再钻进。

5）当成槽(孔)遇有扩孔、缩孔时的处理方法

当成槽(孔)遇有扩孔、缩孔时，应采取防止塌孔和防止钻头摆动过大的措施。可能造成缩孔的因素有：

（1）钻头头部磨损过多，且补焊不及时；

（2）地层中有遇水膨胀的软土、黏土泥岩等。

前者应注意钻头的及时补焊，后者应采用失水率小的优质泥浆护壁。当发生缩孔时，宜在缩孔处用钻头上下反复扫孔，以扩大槽宽或孔径。

6）成槽(孔)中遇到塌孔或其他原因造成埋钻时的处理方法

成槽(孔)中遇到塌孔或其他原因造成埋钻时，可使用空气吸泥机或其他吸泥设备吸走埋钻的泥沙，提出钻头，为防止继续塌孔埋钻，吸排埋钻泥沙时，不得降低所成槽(孔)内的泥浆水头高度。

7）在成槽(孔)内遇有掉钻落物时的处理方法

在成槽(孔)内遇有掉钻落物时，宜迅速用打捞叉、钩、绳等工具打捞。如落入的东西已被埋住，应用冲、吸的方法，先清除落物上的泥沙，使打捞工具能接触到落物，再将其打捞上来。对于采用多种方法仍打捞不上来的金属物体，可采用冲击钻等将其冲击入土中。

8）混凝土浇筑过程中导管堵塞的处理方法

为了防止这类事故的发生，一定要严格控制混凝土拌和物的质量，对导管下设位置和混凝土顶面上升测量记录及导管的提升时间等技术参数进行严格检查。如可能，则在混凝土受料平台处设置筛网，将超径石排除。当出现导管堵塞时，可使用高频振捣器在导管顶部进行振动处理，也可以将导管提起，然后突然放下，此时应注意不能将导管提升过高，以免导管底部脱离混凝土顶面。

9）混凝土的浇筑

混凝土浇筑过程中，导管不能做横向运动，混凝土要连续浇筑，不能长时间中断，一般可允许中断 5～10 min，最长只允许中断 20～30 min，以保持混凝土的均匀性。当混凝土浇筑到地下连续墙顶附近时，常因沉淀泥浆含沙量大，稠度增浓，压差减小，增加混凝土浇筑困难，此时要降低灌注速度，同时可将导管的埋入深度减为 1 m 左右，如果混凝土再灌注不下去，可将导管做上下运动，但上下运动高度不能超过 30 cm。

10）浮浆的处理方法

浇筑完成后的地下连续墙顶存在一层浮浆，因此混凝土顶面需要比设计标高超浇30～50 cm。

11）钻凿式接头方式套打一钻法的注意事项

该法适用于早期强度不宜过高的混凝土，同时要注意以下影响施工质量的主要因素：

（1）接头孔的造孔质量。接头孔的施工位置、孔斜与Ⅰ期槽(孔)的端主孔的位置保持一致。

（2）Ⅱ期槽孔施工时对Ⅰ期墙段端面的刷洗质量。

（3）清孔泥浆的质量。如果泥浆黏度太小，悬浮力差，含沙量过多，那么在浇筑过程中，就会在混凝土表面聚积许多泥沙，在泥浆中形成许多絮凝物，形成厚的接缝夹泥。

为了避免接头孔溜钻造成孔底"开叉裤"，保证Ⅰ、Ⅱ期槽孔的搭接厚度，可采用以下

方法提高施工质量：

①提高Ⅰ期槽段端孔(主孔)的施工质量,保证其铅垂和成孔的准确性；

②在接头孔造孔时对导槽精度进行检测,并精确定出接头孔的孔位；

③对成孔设备性能进行检测,尽可能选用自动测斜装置的设备,加强造孔中设备运行监测；

④加强对成孔孔形、孔斜的检验,孔斜尽可能采用超声波垂直精度测定装置,精确定出接头孔的形状、具体位置,与Ⅰ期主孔比较,确定偏差大小,及时处理,提高施工控制精度。

5.1.6 防渗墙周边基础补强处理

厂房基础防渗墙在施工过程中,受各种条件影响,发生的塌孔、塌槽情况较多,但多数槽段塌孔、塌槽主要集中在上部,由于防渗墙上部空槽较大(上游侧有 5 m 空槽),大部分塌孔、塌槽对地基没有影响,但部分槽段下游有流砂现象,造成下部塌槽,经各方讨论后认为,下部塌槽对基础下部砂层有扰动,利用布置在防渗墙周边桩基的后灌浆施工对扰动区域进行补强。同时,对塌孔、塌槽较多的 29 - 1#、31 - 1#和 44 - 1#槽在槽内埋设后灌浆管路,按桩基后灌浆控制参数中桩底压浆控制参数进行后灌浆补强。

防渗墙内埋管后灌浆控制指标:灌浆压力 1.5 ~ 2.5 MPa,浆液水灰比 1∶0.8、(0.5 ~ 0.6)∶1,先稀后浓,起始灌浆压力控制在 0.2 MPa,并根据浆液注入量逐渐加大灌浆压力。当注入浆液耗灰量≥2 t 时,压力 <1.5 MPa 时作终孔处理;当注入浆液耗灰量 <2 t 时,压力达到 2.5 MPa 后停止灌浆作终孔处理。在灌浆过程中出现冒浆、漏浆时采用间歇灌浆,并用浓浆灌注,间歇时间根据冒浆、漏浆情况控制在 40 ~ 60 min,经过 2 ~ 3 次间歇灌浆后仍有冒浆、漏浆,则做好记录,作终孔处理。

灌浆情况:29 - 1#槽终孔压力为 1.47 MPa,灌入水泥量 4 047.9 kg;31 - 1#槽灌浆压力为 1.06 MPa,灌入水泥量 2 613.8 kg;44 - 1#槽灌浆压力为 1.39 MPa,灌入水泥量 2 543.1 kg。

通过对地基采用地球物理探测高密度电法,对防渗墙施工结束后地层的扰动情况及桩基和防渗墙内后压浆结束后地基补强情况的探测结果表明,后灌浆效果良好,水泥浆已将防渗墙施工过程中地基的扰动区域填充密实。

5.1.7 防渗墙施工质量效果

防渗墙施工质量控制中重点为造孔、清孔、混凝土浇筑三个环节的工序质量控制,施工过程中,按防渗墙施工规范及设计要求,对上述各环节在检测合格后,再报请监理工程师进行验收,满足控制指标后才进入下一道工序的施工,从过程工序施工中对防渗墙的成墙质量进行了有效的控制。

5.1.7.1 造孔质量

在进行槽孔中心线上下游位置偏差检查时,严格以钻机平台轨道 80 cm 为基准进行检测,中心偏差均符合质量标准,合格率 100%。

所有槽段槽孔孔深、孔斜率经检测均满足设计要求,合格率 100%。

槽孔的宽度均用直径为 60 cm 的钻头进行检查,并用混凝土实际浇筑量及混凝土浇筑过程中的上升速度进行计算,结果显示墙厚均大于 60 cm,合格率 100%。

5.1.7.2 清孔

所有槽段清孔换浆后孔内淤积、浆液密度、黏度、含砂量检测均满足设计及规范要求,合格率 100%。

接头孔混凝土孔壁均用钢丝刷刷洗,并进行检查,检查结果满足规范要求,合格率 100%。

5.1.7.3 混凝土浇筑质量

在混凝土浇筑过程中,导管的间距与埋深、混凝土面的上升速度以及混凝土的坍落度和扩散度均在规范要求范围之内,混凝土导管埋深控制在 1.0 ~ 6.0 m,混凝土面的上升速度 ≥2 m/h,坍落度为 18 ~ 22 cm,扩散度为 34 ~ 40 cm。

从混凝土的物理性能来看,现场取样检查混凝土 90 d 抗压强度均大于 26.8 MPa,最大强度为 59.3 MPa,最小强度为 26.8 MPa,抗压强度合格率为 100%,所抽查的 4 组试件的抗渗等级均大于 W6,满足设计要求(见表 5-6)。

根据《Ⅳ标防渗墙竣工试验报告》中的混凝土评定结果,混凝土质量优良,施工控制情况良好,各项指标均满足设计要求。

表 5-6　混凝土抗渗及弹性模量试验结果

配比编号	设计强度(MPa)	取样部位	试验日期(年-月-日)	试验龄期(d)	渗透系数(1×10^{-6})	渗透高度(mm)	弹性模量(1×10^4 MPa)	轴心抗压强度(MPa)	抗渗等级	说明
PS-51	$C_{90}15W6$ 弹性模量	10# 槽(D1 + 882.2 ~ D1 + 889.4)	2005-01-07	90	1.3	24.0	2.86	25.6	> W_6	抗渗
PS-51	$C_{90}15W6$ 弹性模量	30 - 2# 槽(D1 + 750.7 ~ D1 + 755.80)	2005-02-10	90	3.4	38.7	3.20	29.1	> W_6	抗渗
PS-51	$C_{90}15W6$ 弹性模量	37# 槽(坝下 0 + 11.80 ~ 0 + 18.80)	2005-02-27	90	5.3	41.4	3.49	23.9	> W_6	抗渗
PS-51	$C_{90}15W6$ 弹性模量	30 - 1# 槽(D1 + 751.0 ~ D1 + 757.30)	2005-03-07	90	4.1	36.7	3.43	18.5	> W_6	抗渗

5.1.7.4 防渗墙成墙施工质量检测情况

成墙质量检测采用了钻孔取芯、压水试验及超声波检测三种形式。墙体取芯累计钻孔长度为 263.15 m。完成了墙体钻孔静压水试验检测。

1)钻孔取芯

根据监理部批示,厂房基坑防渗墙确定了 9 个检查孔位检查成墙质量,编号为 1 ~ 9,

钻机型号 YL－300,钻头采用 ϕ91/ϕ94。平均取芯率96.11%。取芯位置、桩号,岩芯检查情况见表5-7。

表5-7　防渗墙检查孔施工资料一览表

编号	位置　桩号	孔向	孔径（mm）	设计孔深（m）	实钻孔深（m）	岩芯采取率（%）
1	40#槽　D1＋902.1 坝下 0＋030.0	垂直	91/94	25	18.94	95.79
2	43＋1#槽　D1＋902.1 坝下 0＋053.0	垂直	91	32	32	96.12
3	13#槽　D1＋864.0 坝下 0＋000.0	垂直	91	32	32.19	96.39
4	16#槽　D1＋843.0 坝下 0＋000.0	垂直	91	32	32	96.57
5	24#槽　D1＋789.0 坝下 0＋000.0	垂直	91	32	32.29	96.83
6	28#槽　D1＋765.0 坝下 0＋000.0	垂直	91	32	32	96.85
7	49#槽　D1＋735.0 坝下 0＋035.0	垂直	91/94	32	33	96.08
8	51#槽　D1＋735.0 坝下 0＋055.0	垂直	94	32	31.77	92.83
9	11#槽　D1＋872.5 坝下 0＋000.0	斜73°	91/94	12	12.4	97.50

其中取芯率较低的各孔,其混凝土强度及芯样外观均好,主要原因是采用了两台新钻机取芯,初期使用时,钻机钻具磨合程度不够,造成在初期取芯过程中对磨情况较为严重,影响了取芯率。

2)压水试验检测情况

厂房防渗墙取芯时,对所有检查孔采用0.1 MPa的静压力分段进行了压水试验,测得吕荣值,其中编号9(11#槽　D1＋872.5)为斜孔,接缝位置静压水值为0.2 Lu。具体情况见表5-8。

表5-8　检查孔压水试验记录

编号	位置　桩号	段次	段长（m）	孔深（m）	流量（mL/min）	静压力（MPa）	吕荣值（Lu）
1	40#槽 坝下 0＋030.0	1	4.40	0.00～5.00	1 000	0.1	0.45
		2	5.00	5.00～10.00	875	0.1	0.35
		3	5.00	10.00～15.00	1 000	0.1	0.04
2	43＋1#槽 坝下 0＋053.0	1	5.00	0.00～8.00	455	0.1	0.182
		2	5.00	8.00～13.00	450	0.1	0.18
		3	5.00	13.00～18.00	500	0.1	0.20
		4	5.00	18.00～23.00	525	0.1	0.21
		5	5.00	23.00～28.00	570	0.1	0.23
		6	4.00	28.00～32.00	460	0.1	0.29

编号	位置 桩号	段次	段长（m）	孔深（m）	流量（mL/min）	静压力（MPa）	吕荣值（Lu）
3	13#槽 D1+864.0	1	5.00	0.00~8.00	700	0.1	0.28
		2	5.00	8.00~13.00	800	0.1	0.32
		3	5.00	13.00~18.00	465	0.1	0.186
		4	5.00	18.00~23.00	520	0.1	0.208
		5	5.00	23.00~28.00	830	0.1	0.332
		6	4.19	28.00~32.19	745	0.1	0.356
4	16#槽 D1+843.0	1	5.00	0.00~8.00	1 125	0.1	0.45
		2	5.00	8.00~13.00	290	0.1	0.116
		3	5.00	13.00~18.00	390	0.1	0.156
		4	5.00	18.00~23.00	345	0.1	0.138
		5	5.00	23.00~28.00	383	0.1	0.153
		6	4.00	28.00~32.00	390	0.1	0.195
5	24#槽 D1+789.0	1	5.00	0.00~8.00	650	0.1	0.26
		2	5.00	8.00~13.00	650	0.1	0.26
		3	5.00	13.00~18.00	650	0.1	0.26
		4	5.00	18.00~23.00	500	0.1	0.20
		5	5.00	23.00~28.00	550	0.1	0.22
		6	5.00	27.29~32.29	500	0.1	0.20
6	28#槽 D1+765.0	1	5.00	0.00~7.00	950	0.1	0.38
		2	5.00	7.00~12.00	950	0.1	0.38
		3	5.00	12.00~17.00	1 100	0.1	0.44
		4	5.00	17.00~22.00	850	0.1	0.34
		5	5.00	22.00~27.00	760	0.1	0.304
		6	5.00	27.00~32.00	680	0.1	0.272
7	49#槽 坝下0+035.0	1	5.00	0.00~8.00	250	0.1	0.10
		2	5.00	8.00~13.00	350	0.1	0.14
		3	5.00	13.00~18.00	525	0.1	0.21
		4	5.00	18.00~23.00	590	0.1	0.236
		5	5.00	23.00~28.00	450	0.1	0.18
		6	5.00	28.00~33.00	538	0.1	0.215

编号	位置 桩号	段次	段长 （m）	孔深 （m）	流量 （mL/min）	静压力 （MPa）	吕荣值 （Lu）
8	51#槽 坝下 0 + 055.0	1	5.00	0.00 ~ 5.00	390	0.1	0.16
		2	5.00	5.00 ~ 10.00	60	0.1	0.024
		3	5.00	10.00 ~ 15.00	450	0.1	0.18
		4	5.00	15.00 ~ 20.00	1 080	0.1	0.432
		5	5.00	20.00 ~ 25.00	1 238	0.1	0.495
		6	5.00	25.00 ~ 30.00	950	0.1	0.38
9	11#槽 D1 +872.5 斜孔	1	5.00	0.00 ~ 7.50	600	0.1	0.24
		2	5.00	7.40 ~ 12.40	500	0.1	0.20

5.2　灌注桩施工

按设计图纸要求,厂房基础采用桩基进行处理,桩基上部为 40 cm 厚砂石垫层。在灌注桩施工始初,初步设计在电站厂房布置 153 根素混凝土灌注桩,但随着电站厂房防渗墙和灌注桩的施工进展,发现厂房基坑内地质条件比较复杂,在施工过程中出现大量塌孔等现象,设计将电站厂房由原 153 根素混凝土灌注桩变更为 259 根素混凝土灌注桩和 6 根锚桩。灌注桩中 15 m 桩有 24 根,20 m 桩有 68 根,25 m 桩有 62 根,30 m 桩有 105 根。锚桩中 M1、M2 桩长为 35 m,M3 ~ M6 桩长为 25 m,另有 0.6 m 静载荷试验桩头共 3 根(19#、75#、130#),见图 5-10。

设计灌注桩总桩长为 6 590 m,后压浆所需 1.2″无缝钢管不包括空桩部分和地面以上超高部分总长为 30 219 m,合 82.80 t;包括空桩部分和地面以上超高部分总长为 43 283.40 m,合 118.60 t;所需 Φ16 钢筋总长为 11 590.38 m,合 18.31 t;锚桩所用钢筋 14.84 t;不含空桩部分等钢材量总计为 115.95 t,含空桩部分等钢材量总计为 151.75 t。

5.2.1　钻孔

钻孔用 GPS-12 型回旋钻机,采用正反循环钻进钻孔工艺,利用三翼或滚刀钻头钻进成孔。对于弱风化砂岩、钙化砂砾石层或砂砾石层,回旋钻机无法钻进,采用小型冲击钻机穿透硬岩后,再换回旋钻机施工。开钻时以低挡慢速正循环钻进,钻进时减压钻进,保持重锤导向作用,保证垂直度。在软岩孔段,钻压控制在 10 ~ 20 kN,钻速 20 ~ 42 r/min,泵量 108 m³/h,控制时效 0.5 ~ 1.5 m,使钻进、排渣、清渣保持同步,泥浆循环系统维持平衡,避免孔底钻渣不能及时排出而引起重复破碎,造成钻头加速磨损及埋钻等孔内事故。在基岩孔段钻进,采用加大钻压,并视地质情况减小泥浆比重,以提高钻进时效。钻进压力采用 20 ~ 50 kN,钻速采用低钻速,以大钻压、低钻速和大泵量为原则。

钻孔过程中,由于地层情况复杂,中间有钙质砂岩,回旋钻机无法钻进,改用冲击钻

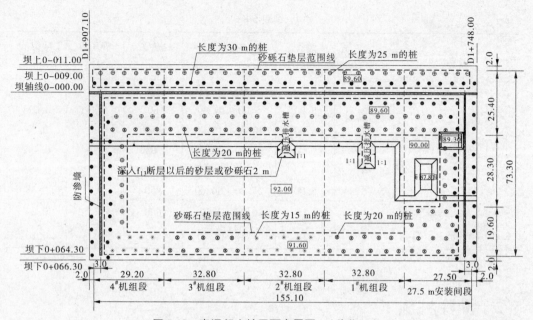

图 5-10　素混凝土桩平面布置图　（单位：m）

机,待冲击钻机将钙质砂岩层钻穿后,又换成回旋钻机进行施工。施工过程中常改变钻头钻进或更换钻机。而采用冲击钻机施工时,效率低,易形成塌孔,上述各种因素,在很大程度上加大了厂房桩基钻孔施工难度。灌注桩施工工艺流程如图 5-11 所示。

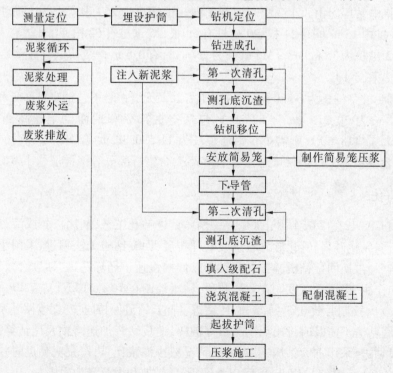

图 5-11　灌注桩施工工艺流程

钻孔结束后,按三检制进行成孔验收,验收控制指标如表5-9所示。

表 5-9　成孔质量控制指标

序号	项目	允许偏差
1	孔的中心位置(mm)	≤100
2	孔径	不小于设计桩径
3	倾斜度(%)	1
4	孔深	不小于设计规定
5	沉渣厚度(mm)	≤100
6	清孔后泥浆指标	相对密度:1.10~1.15;黏度:18~22 s;含砂率:<5%
7	扩孔率(%)	不大于8

5.2.2　灌浆管制作及安装

5.2.2.1　灌浆管制作

后灌浆注浆管采用 ϕ40 mm、壁厚为3 mm的无缝钢管。15 m长桩的桩底、桩侧各布置2根注浆管(二层);20 m长桩的桩底、距桩底5 m和桩侧中部各对称布置2根注浆管(三层);25 m长桩桩侧按5 m一级布置测压管,即每隔5 m对称布置2根测压管,桩底布置2根底压浆管(四层);30 m长桩桩侧按5 m一级布置测压管,即每隔5 m对称布置2根测压管,桩底布置2根底压浆管(五层);压浆管采用丝扣连接,钢筋笼固定,用捆扎法固定在钢筋笼外侧。灌浆管底部开有排浆孔,排浆孔孔径8 mm,开孔段为200~300 mm长,用橡胶皮扎牢,灌浆管下端用金属密封头封实。压浆管笼在加工场地加工完毕后,运到孔口用汽车吊安装。为保证压浆管笼在孔内位于中心位置,在压浆管笼侧面每4 m设保护块一组,底部每组3块,上部每组4块。

灌浆管笼制作如图5-12所示,桩底布置2根注浆管,桩侧分别布置2根(15 m)、4根(20 m)、6根(25 m)、8根(30 m)注浆管。

5.2.2.2　灌浆管安装

灌浆管安装采用汽车吊安装,在安装过程中,注意保证灌浆管笼垂直安放,并位于孔内中心位置,灌浆管连接采用电焊焊接,要求焊接密实,不能有缝隙。下入桩孔后灌浆管笼顶端高出孔口200~600 mm,灌浆管上端均用金属封头封住。由于施工平台高出设计桩顶3.2~7.4 m,注浆管及钢筋笼均超长3.2~7.4 m。

5.2.3　混凝土浇筑施工

采用 ϕ250 mm螺纹连接导管进行水下混凝土浇筑,利用钻机起吊下放导管,下放导管时均有专人指挥,小心操作,避免了挂碰压浆管笼的情况。导管底口距孔底的高度控制在不大于200 mm,下放过程中先落至孔底,然后提升100~200 mm。

混凝土灌注前,先检查孔内泥浆性能指标和孔底沉淀物厚度,出现超过规定的情况

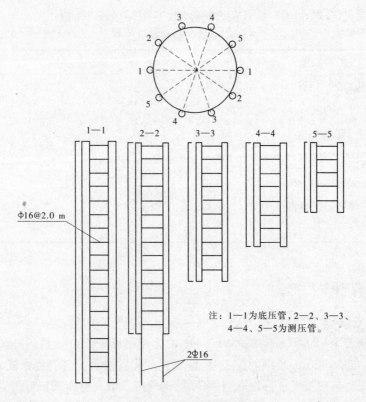

注：1—1为底压管，2—2、3—3、
4—4、5—5为测压管。

图 5-12 后灌浆管笼结构

时,利用导管按反循环法进行二次清孔。孔内泥浆性能合格后,再浇筑混凝土。下混凝土前,准备足够的混凝土储备量,保证下料后导管的埋置深度在 1.0 m 以上。

灌注过程中,注意观察导管内混凝土面下降和孔内浆液升降情况,并及时测量孔内混凝土面高度,做好记录。混凝土灌注达到灌浆管笼底部以下约 1 m 时,适当放慢灌注速度,减小混凝土的冲击力,防止钢筋笼上浮,当混凝土上升到钢筋笼底部以上 4 m 左右时,提升导管,使其底口高于钢筋笼底部 2 m 以上,恢复正常灌注速度。

灌注作业连续进行,不随意中途停顿,保证了每根桩混凝土灌注的连续性,按设计要求,桩顶超高控制在 0.5 m 以上,保证了设计桩顶以下混凝土的质量,超高部分的混凝土在基础开挖后凿除。

5.2.4 后灌浆施工

5.2.4.1 灌浆施工控制参数

由于桩基后灌浆施工为近几年逐步发展起来的新工艺,施工时先做了生产性试验,并将施工控制参数上报监理工程师批复后,确定了灌浆参数才进行正常施工。灌浆采用分层由上至下逐段灌注,先灌注最上面一层,再由上至下逐层灌注,桩体施工完成 24 h 后对预埋灌浆管路用清水进行清孔,7 d 后开始进行后灌浆施工。具体灌浆施工控制参数如下:

(1)第一层灌完后停 2~3 d,出现冒浆时停 3 d,没有出现冒浆时停 2 d。

(2)砂砾石第一层灌注时,采用浓浆灌注,浆液水灰比采用(0.5~0.6)∶1;压力控制在0.8~1.5 MPa,起始灌浆压力控制在0.2 MPa,并根据浆液注入量逐渐加大灌浆压力;当注入浆液耗灰量≥2 t时,压力<0.8 MPa也停灌作终孔处理;当注入浆液的耗灰量<2 t时,压力≥0.8 MPa后停灌作终孔处理。

(3)非砂砾石地层第一层灌注时,浆液水灰比为1∶1、0.8∶1、(0.5~0.6)∶1,先稀后浓;起始压力控制在0.2 MPa,根据浆液注入情况,将灌浆压力逐渐加大,如果注入率较大,则根据情况调整浆液浓度,在低压灌注进浆率大时,尽量采用低压灌注;压力未达到0.6 MPa时,持续灌注至压力达到0.6 MPa;压力超过0.6 MPa,灌注浆液耗灰量≥2 t时作终孔处理,灌注浆液耗灰量<2 t时,压力升至1.5 MPa后停灌作终孔处理。

(4)第一层以下侧面各层灌注时,压力控制在0.8~1.5·MPa,浆液水灰比为1∶1、0.8∶1、(0.5~0.6)∶1,先稀后浓,如果注入率较大,则根据情况调整浆液浓度,在低压灌注进浆率大时,尽量采用低压灌注;起始灌浆压力控制在0.2 MPa,并根据浆液注入量逐渐加大灌浆压力;当注入浆液的耗灰量≥2 t时,压力<0.8 MPa时继续灌注至压力≥0.8 MPa后作终孔处理;当注入浆液的耗灰量<2 t时,压力达到1.5 MPa后停灌作终孔处理。

(5)底层压浆压力控制在1.5~2.5 MPa,浆液水灰比为1∶1、0.8∶1、(0.5~0.6)∶1,先稀后浓;起始灌浆压力控制在0.2 MPa,并根据浆液注入量逐渐加大灌浆压力;当注入浆液耗灰量≥2 t时,压力<1.5 MPa也作终孔处理;当注入浆液的耗灰量<2 t时,压力达到2.5 MPa后停灌作终孔处理。

(6)灌浆过程中当出现冒浆、漏浆时,采用间歇灌浆,同时采用浓浆灌注,间歇时间根据冒浆、漏浆情况控制在40~60 min,经过2~3次间歇灌浆后仍有冒浆、漏浆,则做好记录,作终孔处理。

5.2.4.2 施工注意事项

(1)桩体施工完成24 h后用清水通管,压通后先用临时堵头封住,7 d后开始压浆,先进行侧压浆,再进行底压浆。

(2)灌浆管路埋设为每层两根灌浆管,分布在桩体两侧,施工时每根灌浆管均进行灌注,并采用单根轮流灌注,不允许联灌。

(3)每层灌注过程中,两根灌浆管应轮换灌注,灌注时另一根管的管口必须封堵。

(4)每根灌浆管终孔后,采用浓浆封孔,为保证灌注浆液不回流,封孔结束后用堵头将管口封堵,在灌注浆液终凝并不会出现返浆情况时,再拆除封堵。

(5)施工过程中,对一些地质结构较为复杂的桩体进行灌注时,对周边的基础进行抬动观测,当出现有地基抬动现象时,立即停灌。

5.2.4.3 灌浆过程中的异常情况处理

(1)在每一灌注层压浆前对两根压浆管先进行试灌,如两根均未出现堵管,则按要求单根轮流灌注,如其中有一根出现堵管,则另一根灌注时在规定压力下,灌注浆液耗灰量可以达到2 t以上时,单根管按2 t以上耗灰量进行灌注。

(2)个别特殊情况出现同一灌浆层两根管均堵管时,下一层灌注时按4 t以上的耗灰量进行控制。

(3)在桩基后灌浆施工过程中,如果出现其他异常情况,及时向现场工程师汇报,根据工程师的指令进行处理。

（4）所有压浆管均用浓浆进行封孔。

桩基后灌浆施工总计灌注水泥量 3 431. 82 t;在压浆施工过程中对地基抬动进行了观测检查,最大抬动为 4 mm。

5.2.5　施工过程中异常情况处理

5.2.5.1　塌孔处理措施

桩基施工过程中,受地质条件和高地下承压水的影响,施工过程中存在有不同程度的塌孔现象,加上采用回旋钻机施工至钙质砂岩,回旋钻机无法钻进时,需要用冲击钻机将钙质砂岩层击穿,由回旋钻机改为冲击钻施工时,如钙质砂岩上、下为砂层,则极易形成塌孔。针对此情况,施工过程中采取了井管和轻型井点降排水措施,同时为尽量减少塌孔、减小塌孔对地基的影响,采取了回填加高工作面,使工作面高出地表水位,以加大泥浆护壁压力、减小塌孔的措施;施工期间,先将防渗墙施工时形成的软土及临时回填土全部挖走,再重新用砂砾石回填形成施工平台,并采用振动碾压实,回填厚度为 3 ~ 5 m 不等,共回填砂砾石约 4. 6 万 m³,有效减轻了塌孔现象。对采取措施后仍出现的各种塌孔情况,按以下方法进行了处理。

1)孔口塌孔

当孔口外侧塌孔不严重时,在塌孔处的桩孔周围布置一排钢管,外侧用黏土袋封堵,再用黏土掺水泥进行回填;待黏土与水泥混合物固结后再进行钻孔;当塌孔较严重(孔口周围全部塌完)时,则拆除护筒,采用黏土将成孔全部填满、压实,待 1 ~ 3 d 时间,黏土沉淀固化后再进行钻孔施工。

2)多次塌孔

灌注桩施工过程中多次塌孔时,会形成较大的漏斗,使得护筒悬空或下沉,对于此种情况,采用常规回填黏土的处理方法效果较差,采用黏土、水泥、碎石混合料回填,重新埋设护筒,待稳定 24 h 后,采用冲击钻进行干冲,把孔口冲击挤压密实,稳定护筒后再进行成孔钻进。

3)承压水上涌

由于厂房地下承压水位高,部分桩基(特别是厂房上游和南侧防渗墙外围桩体)施工时,在钻进至高承压水位的滞水层时,因承压水位高于施工面地面高程,成孔内会出现承压水上涌,严重稀释护壁泥浆,引起塌孔;施工时保证原防渗墙施工时布置的降、排水系统正常运行,在出现涌水的孔位旁边开挖降水坑进行抽排,以降低孔中水位,增加泥浆压力,同时将钻孔回填,并用砂砾石回填将施工面抬高,重新钻进时在孔口用人工直接往浆液内倒入膨润土(必要时掺入一部分水泥),加大泥浆比重进行钻进,成孔后清孔换浆时为确保不塌孔,清孔换浆全部用经充分膨化后的膨润土浆。

5.2.5.2　防渗墙塌孔、塌槽处理位置灌注桩施工

由于前期防渗施工时,塌槽情况较多,防渗墙施工结束后,灌注桩施工时,如果桩体位于防渗墙塌槽处理混凝土边缘,受防渗墙塌槽处理混凝土的影响,灌注桩的孔斜很难控制,在灌注桩的成桩过程中,若发现孔斜偏大,采用在孔内回填卵石纠偏,纠偏后继续成孔

钻进。

5.2.5.3 塌孔埋钻、埋管处理

对于有些部位的桩,在成孔过程中,因塌孔后把钻头或混凝土导管埋入地下,采用各种方法无法将钻头拔出时,则采用在原桩附近补桩,如29#、42#、164#桩;对原桩位采取灌浆补强。

5.2.5.4 灌浆过程中串浆处理

由于厂房基坑防渗墙在施工过程中塌孔比较严重,有的槽段甚至出现多次塌槽现象,虽然在施工过程中采取了回填黏土、砂砾石或低强度等级的混凝土等方式进行处理,但防渗墙周围下部基础仍存在不密实现象,并且基坑地质条件复杂,地层为上第三系砂岩、黏土岩层类,基岩结构疏松,局部为松散状,因而在灌浆过程中出现了串浆现象,串浆造成其他正在造孔的部分桩孔出现塌孔等情况。因此,当在灌浆过程中出现串浆现象时,采取停止灌浆,24 h后再进行复灌。

5.2.6 特殊桩施工处理

5.2.6.1 42#灌注桩

基本情况:42#灌注桩(桩号为 D1 + 845.60,坝下 0 + 004.00)位于厂房 3#机组上游与2#机组相邻处,0 + 000.00 段防渗墙内侧,距离 0 + 000.00 段防渗墙中心线 4.0 m。2005年 1 月 25 日夜班,钻孔验收合格,下好灌浆管笼和混凝土导管,准备浇筑时,出现塌孔,将混凝土导管埋入孔内,无法拔出。

处理方案:根据《厂房基坑 42#桩的处理措施》和监理工程师的批复(西监(2005)04-045 号文),对 42#桩采取如下措施进行处理:

(1)将 42#桩的坐标向右移 2 m(桩号为 D1 + 847.60,坝下 0 + 004.00),重新钻孔成桩,编号为 42-A#桩。

(2)原 42#桩下料管无法拔出,则通过混凝土导管和注浆管灌注水泥浆对周围地层进行加固,共灌注水泥 12.48 t,灌浆压力为 0.12 ~ 2.39 MPa。

处理结果:42-A#桩按设计要求顺利成桩,符合设计要求。

5.2.6.2 164#灌注桩

基本情况:164#灌注桩(桩号为 D1 + 906.1,坝下 0 + 014.0)位于厂房 4#机组上游,D1 + 902.1段防渗墙外侧,距离 D1 + 902.1 段防渗墙中心线 4.0 m。在施工过程中,当钻进 7.0 m 时,因承受地压水影响,出现涌水、塌孔现象,后采取加大泥浆比重、增加纯碱用量的措施,减少了塌孔情况;但钻进至 20 m 时,出现涌水,1 月 26 日再次出现塌孔,塌孔高度为 5.0 m。根据地质情况分析为受流砂层影响,已无法短期内成桩。

处理方案:按照《对〈厂房基坑 164#抗滑桩的处理措施〉的批复》(西监(2005)04-040号文)的要求,对其进行了以下处理:

(1)将 164#桩作为承压地下水排水井,按照排水井施工方法在现有桩孔内安装直径为 600 mm 的无砂混凝土管,无砂混凝土管底部 1 m 采用土工布进行包裹,防止抽水时将桩底地层中细砂带出。无砂混凝土管与孔壁间充填细石反滤料。

(2)将 164#桩的坐标向 D1 + 902.1 段防渗墙方向平移 2 m(桩号 D1 + 904.1,坝下

0+014.00），重新钻孔成桩，编号为164-A#桩。

（3）原位因作为排水井后，其深度只有5.0 m，在厂房建基面以上，基础开挖后不再进行处理。

处理结果：164-A#桩按设计要求顺利成桩，符合设计要求。

5.2.6.3　29#桩

基本情况：29#桩位于3#机组段上游，地面高程为95.57 m，设计孔深为31.48 m，2004年12月20日开始施工，至2004年12月29日钻进孔深26.0 m。该孔钻进遇地层为0～5.5 m漂卵石、5.5～8.0 m黏土层、8.0～8.6 m半胶结砂层、8.6～9.2 m砂岩、9.2～24.4 m半胶结砂层与黏土岩、24.4～26.0 m砂岩。因孔底砂岩特别坚硬，难以钻进，根据《"桩基遇岩时施工措施"的批复》（西监（2005）04-004号文），监理工程师已同意终孔。但终孔过程中由于上部卵石掉落引起卡钻，处理2 d后出现塌孔，将钻具埋住。后用割刀把钻杆割断，但采用钻机自身的升降机无法拔出钻杆，钻杆可以转动。

处理方案：根据西监（2005）04-023号文，因29#桩塌孔钻杆确实无法拔出，将29#桩坐标向下游平移2.0 m（坐标为D1+856.72，坝上0-006.00）后重新钻孔成桩，编号29-A#；对于原29#桩孔身，用原被淤埋的钻杆进行灌浆处理。

处理结果：29-A#桩按设计要求顺利成桩，符合设计要求；原桩位灌注水泥4.67 t，灌浆压力为0.21～2.52 MPa。

5.2.6.4　167#、168#、169#、202#桩

基本情况：167#、168#、169#、202#桩位于3#、4#机组段上游原防渗墙施工的一级沉浆池部位，该沉浆池在防渗墙施工完成后已采用砂砾料进行回填。因回填的砂砾料与池中泥浆混合后松散且易流动，造成202#桩钻进至20 m塌孔，168#桩钻进至18 m塌孔，169#桩钻进至6 m塌孔。

处理方案：将该部位回填的砂砾料与淤泥全部清除，再用黏土掺20%水泥分层回填并用反铲压实，埋设3.5 m长护筒（直径1.0 m）稳固孔口，具体工程量为清除淤泥砂砾料700 m³。回填掺20%水泥黏土700 m³，埋设3.5 m长（直径1.0m）护筒4个。

处理结果：经过处理，167#、168#、169#、202#桩已经成桩，满足设计要求。

5.2.6.5　60#、157#桩

基本情况：60#桩钻因上部砂卵石层厚度较大且松散，进至24 m出现严重塌孔，无法继续钻进。157#桩位于36#槽外侧，上部4.5 m为防渗墙施工时回填的混凝土，下部为2 m多深的空洞，无法进行施工，后回填40 m³黏土后继续钻进至20 m，上部塌孔埋钻。

处理方案：根据西监（2005）04-023号文，采取以下处理措施：

（1）先用掺20%水泥的黏土对60#、157#桩进行回填，待稳固后重新钻进施工。

（2）造孔过程中采用特殊泥浆护壁，泥浆的主要成分为膨润土和水。掺合物为加重剂、增黏剂和分散剂。

处理结果：60#、157#桩已经成桩，满足设计要求。

5.2.6.6　63#、87#、101#桩

63#、87#桩孔在钻进过程中遇到硬岩，致使回旋钻机的钻头损坏，经现场监理同意后改为冲击钻机继续钻进，但仍无法进尺，后请现场监理、地质监理和设计代表到现场确认。

根据《"桩基遇岩时施工措施"的批复》(西监(2005)04-004 号文),63#、87#桩作终孔处理。63#桩设计孔深 36.50 m,实际孔深 31.73 m;87#桩设计孔深 31.47 m,实际孔深 30.52 m。

101#桩在钻进过程中也遇到硬岩,连续两个台班均无进尺,按(2005)04-004 号文第 3 条精神,经现场监理工程师、设计代表和地质监理确定,同意终孔。101#桩设计孔深 36.57 m,实际孔深 32.01 m。

第6章 电站基础监测系统及成果分析

6.1 电站坝段布置和坝体监测断面布设

6.1.1 监测断面布设和监测仪器布置

电站坝段外部变形监测主要是针对坝顶的水平位移和不均匀沉降监测,在坝顶上游侧 139.0 高程平台布设工作基点、位移标点和水准标点,在下游 129.5 m 高程尾水平台布设水准标点。具体为:在大坝上游侧共布设水平位移标点 10 个,并根据各电站坝段的特点在坝体下游侧设一定数量的水平位移标点;在每个坝段的四角分别布设 1 个水准标点。在 2# 机组、4# 机组和安装间段的 4 个角分别布设 1 支多点位移计(4 点),这样每台机组共布设 4 支,另在 2# 机组中心线附近两边各布置 1 支多点位移计(4 点),共布设 14 套多点位移计。在电站上游侧观测廊道内设有一套静力水准系统,用于监测基础沉降。在每个机组段两侧接缝处各布设 1 台静力水准仪。在 1# 机组布置 1 条倒垂线,倒垂在 101.00 m 高程的检查交通廊道内与正垂联测,正垂直通坝顶。通过本倒垂和泄洪闸上的倒垂线,可以作为泄洪闸、河床电站及排沙洞水平位移的监测基点。

在安装间与 1# 机组间、1# 机组与 2# 机组间、2# 机组与 3# 机组间、3# 机组与 4# 机组间以及 4# 机组与排沙洞间的上游侧的接缝,4# 机组与排沙洞以及安装间与 1# 机组间的下游侧的接缝处布设测缝计,监测伸缩缝的开合情况及闸室间的不均匀沉降。

在 2# 机组、4# 机组和安装间三个剖面防渗墙顶部各布设 1 支测缝计,监测混凝土垂直防渗墙与基础之间缝隙开合度。

电站坝基主要为上第三系黏土类与砂类互层,并被多条断层切割,无论层次或产状等均较杂乱,砂层为透水层,而黏土岩为相对隔水层,形成了比较复杂的水文地质条件,若不处理,蓄水后可能形成局部承压水,导致渗透变形和集中渗漏等问题,为此在电站基础的上游侧和左右侧增加了防渗墙,形成 U 形布置格局,以保证电站基础的渗透稳定性。为监测防渗墙防渗效果,在坝轴线上游侧和下游侧布置渗压计进行监测。在厂房安装间、2# 机组、4# 机组、右排沙洞基础中间部位,沿垂直坝轴线方向下游布置 8 支渗压计,监测基础孔隙水压力对建筑物底部结构的压力状态。此外,在 1# 机组、3# 机组基础中间部位,沿垂直坝轴线方向下游布置若干支渗压计,监测基础扬压力分布状况。

由于电站地基的地质条件非常复杂,岩层分布极不均匀,各地层的物理力学性质差别很大,存在电站基础的抗滑稳定性问题、地基不均匀沉降问题、承载力低及渗漏稳定问题。为解决此类问题,采取了综合处理措施,即对局部承载力低的地层和电站基础上下游应力较大的部位采取局部打素混凝土桩。为监测素混凝土桩与桩间基础的受力分布情况,在电站坝段布置 5 个基础压力监测断面。其中安装间、2# 机组段及 4# 机组段监测断面各布置 5 支土压力计,每个断面上各有 2 支土压力计布置在混凝土桩的顶部,并在相应部位的混凝土桩之间的地基土上布置 1 支,另外 1 支布置在没经过处理的地基上,以监测基础压力的分布情况;1#机组段和 3#机组段监测断面各布置 2 支土压力计,均布置在混凝土桩之间的地基土上。在电站坝段的上下游基础附近分别布设 2 支应变计和 1 支无应力计;在肘管附近的混凝土内部布设 2 支应变计。在 1#机组两边墩进口和出口处各布设 2 支钢筋计,以监测边墩钢筋应力变化情况。由于混凝土坝段的基础比较差,在电站坝段 95.5 m 高程廊道布置一条静力水准系统来观测基础不同坝段之间的不均匀沉降。在电站坝段的安装间、2#机组、4#机组分别安装 6 套多点位移计,对基岩不同深度的压缩变形进行监测,观测仪器布置详见图 6-1。

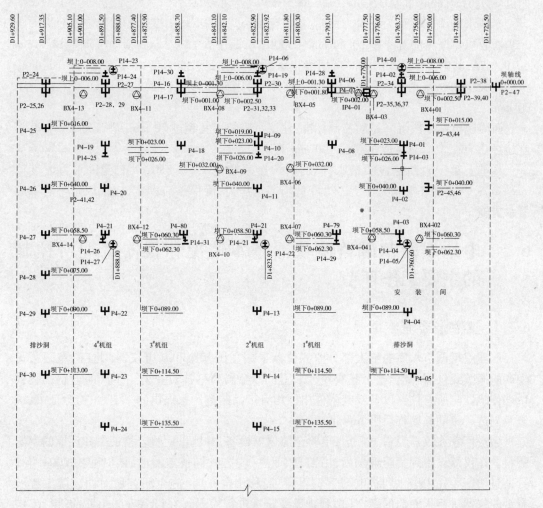

图 6-1 厂房基础观测仪器布置

6.1.2 监测仪器设计原则和相关控制指标

电站河床坝段位于砂类、泥岩类和黏土岩类地层上,属于软岩地层,地基岩体物理力学性质指标都比较低,根据地质提供的建议值,其变形模量在 0.2～0.45 MPa,经设计按修正后的承载能力 0.45～0.55 MPa,对电站坝段进行稳定和基础应力计算,其结果表明,在施工完建期工况下,最大基础应力为 0.50～0.6 MPa。

设计参照有关规范规定,并参考国内类似工程实例进行对比分析,提出西霞院电站坝段的地基允许最大沉降量和沉降差的控制值。

《水闸设计规范》(SL 265—2001)规定,天然土质地基上水闸地基最大沉降量不宜超过 150 mm,相邻部位的最大沉降差不宜超过 50 mm。《建筑地基基础设计规范》(GB 50007—2011)规定单层排架结构(柱距为 6.0 m)柱基的沉降量为 120 mm;对于桥式吊车轨面的倾斜(按不调整轨道考虑),纵向沉降差 110 mm(0.004L,其中 L = 27.5 m),横向沉降差 61.5 mm(0.003L,其中 L = 20.5 m)。

参照水电站厂房有关资料,对于立式机组,要求地基不均匀变形的倾斜度不允许大于 0.7‰,故机组段纵向沉降差 20.44 mm(0.0007L,其中 L = 29.2 m),横向沉降差 14.4 mm(0.0007L,其中 L = 20.50 m)。从坝段止水材料适应变形能力考虑,当纵向和横向的总位移差大于 20 mm 时,止水带有可能会被撕裂,因此坝段之间的相对沉降差不宜大于 20 mm。

西霞院电站坝段沉降量的控制标准:建议沉降差不宜超过 20 mm,基础沉降倾斜度不宜超过 0.7‰,沉降总量以不超过 100 mm 为宜。

坝基上第三系砂性地层透水性较强,渗透系数为 1.5～3.0 m/d,允许水力坡度值 0.2～0.3,渗透破坏形式为流土。为降低坝基扬压力,确保渗流稳定,应采取垂直防渗与排水措施。

6.2 电站坝段基础监测仪器基本情况和仪器监理所控制的主要工作环节

6.2.1 监测仪器基本情况

西霞院反调节水库的绝大部分监测仪器采用美国基康和基康仪器(北京)有限公司生产的振弦式仪器,复合土工膜应变计采用长沙金码高科技实业公司生产的电感调频式位移传感器。所有仪器设备及其附件出厂均有产品制造厂家提供的率定表、检验证书、报告及制造厂家的长期售后服务保证。

生产厂家在仪器设备出厂前,检验全部仪器设备,并提供检验合格证书和厂家的率定资料。在仪器设备到货至现场后,由监理、业主、卖方共同清点验收,同时业主 2004 年 3 月通过招标委托中国水利水电第三工程局(简称水电三局)施工研究所对西霞院工程所有观测仪器进行入库前的率定(对到货设备质量进行检测)、在设备安装出库前进行率定检测(以检测安装前的设备质量),率定单位水电三局定期向业主提交率定检测报告。通过现场检测率定及时发现仪器设备存在的问题,并及时与供货厂家协调更换,保证只有率定合格的仪器才能进行埋设。

6.2.2 仪器监理所控制的主要工作环节

6.2.2.1 开箱检查验收，厂家资料、仪器出厂卡片的存档

在工程合同范围内的观测仪器和电缆等设备由发包人统一采购和仓储，设备到达发包人仓库后，由发包人、供货商、监理人、承包人四方共同进行验收，验收完成后在发包人的仓库保管。

仪器到场开箱检查验收主要进行以下工作：

（1）核对到货清单。

（2）清点所到仪器的种类和数量。按照工程师审核的定单和每批到货仪器的装箱单，逐项清点仪器数量，核对其型号、量程、电缆长度等是否与颁布的仪器详情相一致。所有清点项目均登记造册，做到准确无误。

（3）清点每类仪器是否附有使用说明书和/或操作说明书，每支仪器是否具备出厂率定资料，并核对与所到仪器是否相对应，核对情况并做好记录。

（4）清点每批仪器到货清单注明的或厂家提供的与仪器相关的其他物品和资料，对有关情况做好记录。

6.2.2.2 仪器检查

1）外观检查

在清点每支仪器的同时，对每支仪器及其附件和电缆作外观检查，主要检查仪器是否受到碰撞引起变形、开裂，附件是否可顺利装配，仪器电缆是否开裂或破损等，且检查情况应做好记录。

2）读数测试

仪器的读数测试按规范和厂家的建议进行，主要是零读数及阻抗值的测量，而仪器电缆则主要作通电性测试，所有测试结果和存在的问题要做好记录。

3）标记

仪器开箱检查后，在工程师在场的情况下按设计图纸的要求对仪器进行编号。对每支仪器所做标记应与仪器厂家的编号一一对应，并做好记录。

6.2.2.3 观测仪器标定的监理与标定报告的审核

发包人组织专业率定单位，会同承包人、供货商、监理人四方共同对仪器进行率定并共同确认，率定通过后即视为合格。工程师对仪器标定进行全过程的监理，并审核标定报告。

6.2.2.4 仪器的搬运与现场保管

仪器的搬运应小心谨慎，搬运时应轻拿轻放，切忌撞击，更不允许以电缆承受荷载。仪器不得受日光直射或雨水浸泡，也不能受到外界的撞击振动。仪器和电缆的堆放高度应满足厂家的要求，每支仪器都应作出清晰的标记，随时都易辨认，所有电缆也都应标上电缆延米数标记，存放应防止受到啮咬、扭折、切割、磨损和破裂。仪器最好分类存放，存放超过3个月时，应进行一次特性参数的测定检查。

仪器的存放应采用专用库房，库房内应无腐蚀性气体且环境符合正常工作条件，室内保持通风干燥，存放的仪器避免日光直射、雨水浸泡和外界的撞击振动，具备必要的设施，

以保持较长仪器摆放的平顺,有足够的安全度以防偷盗,避免电缆受到啮咬和破坏。

6.2.2.5 遗失和损坏的处理

仪器在现场搬运、存放中受到损坏或遗失,承包人应将详细情况报告工程师,并请工程师现场验证。遗失和损坏的仪器承包人应及时进行补充和更换,费用按合同规定办理。所有补充和更换的新仪器应详细报告工程师。

6.2.2.6 审批承包人提交的文件

(1)承包人应在监测仪器设备安装前84 d,提交一份监测仪器设备安装和埋设措施计划报送监理人审批,其内容应包括埋设监测仪器设备的安装项目、仪器设备清单、安装方法、安装时间与建筑物施工进度的协调、施工期监测安排和设备维护措施等。

(2)在钻孔和回填作业及混凝土工程开工前21 d,承包人应根据施工图纸和技术条款的规定或监理人的指示,分别提交一份钻孔和回填施工措施计划报送监理人审批。

6.2.2.7 仪器的安装和埋设监理

(1)承包人应在仪器设备安装埋设前56 d,将其安装埋设仪器设备的数量、类型通知监理人,并在仪器设备埋设安装前7 d,通过监理人向发包人领取发包人和承包人共同检验率定的监测仪器设备。

(2)承包人应在仪器设备埋设安装前48 h将其埋设安装仪器设备的意向通知监理人。监理人现场验收安装仪器设备的仓面、钻孔及待装仪器设备和材料,应经验收合格后,方能进行仪器的安装埋设工作。

(3)仪器在埋设安装过程中要严格按照监理人批准的设计图纸、通知及要求进行,监理人现场监督每支监测仪器设备安装埋设工作,在每支监测仪器设备安装埋设完毕后,承包人应会同监理人立即对仪器设备的安装埋设质量进行检查和检验,经监理人检查确认其质量合格后,方能继续进行土建工程的施工。

(4)在仪器安装、埋设、混凝土回填作业中,应使仪器保持正确的位置和方向,如发现有异常变化或损坏现象,应及时采取补救措施。在仪器和电缆埋设完毕后,承包人应及时检测,确认符合要求后,应做好标记,以防认为或机械损坏仪器,同时编写施工日志,绘制竣工图。

(5)仪器安装的验收签认。

仪器安装合格后,承包人应申请仪器埋设后的验收,工程师在验收合格后应给予签认。

(6)仪器安装记录审核与签认。

承包人提交的仪器安装记录应满足招标文件《技术条款》15.4.3款所要求内容。工程师按此进行审核,合格后进行签认。

(7)仪器安装记录移交。

现场监理工程师及时将已签认的仪器安装记录原件移交给仪器资料管理员存档,并履行资料移交手续。

6.2.2.8 仪器保护、异常仪器的鉴定和处理

在工程验收前,承包人应对已埋设或安装的监测仪器设备、设施进行可靠的保护,并确保施工操作不干扰和不破坏任何已埋设和安装的监测仪器设备、设施。如果任何已埋

设和安装的监测仪器设备、设施被损坏,承包人必须在监理人规定的期限内恢复其功能或在其附近安装替代仪器,发包人不另外支付费用。

观测仪器出现异常时,监理工程师立即召见承包人的仪器主管和有关现场人员,对异常仪器部位及其附近进行踏勘,详细调查仪器附近的施工活动情况,查明仪器出现异常的原因。损坏仪器的责任者应书面提交事故报告。工程师在查明真实原因后依据观测仪器保护有关条款提出事故处理意见。

6.3 监测仪器安装过程控制

6.3.1 安装进度控制

(1)目标进度计划审查。由于观测仪器安装埋设紧随建筑物施工进行,因此施工进度要以西霞院主体工程施工进度作为控制目标。在工程开工前,要求承包商结合西霞院主体工程施工进度制定观测仪器安装和埋设施工进度计划报送监理部,监理工程师负责审核施工单位报送的施工进度计划是否与整个工程进度相协调,观测仪器设备的安装项目、仪器设备清单是否符合合同要求,投入的劳动力、施工机具和施工辅助材料是否满足施工需要。

(2)目标进度控制。观测仪器埋设施工往往受到建筑物施工的制约,必须紧随建筑物施工进度进行。在观测仪器安装埋设过程中,监理工程师对承包商每周、每月的施工计划进行检查督促,根据现场监理全过程获得工程进度的相关信息,并与目标进度进行分析对比,发现有偏差后要求承包商根据现场实际情况及时调整施工计划。如果是施工单位自身原因造成施工进度滞后,通过口头通知或下发监理通知单的形式要求施工单位增加施工人员和施工机具、增加工作时间,确保不因观测仪器埋设迟缓而延误建筑物施工进度。

6.3.2 安装质量控制

观测仪器埋设属于隐蔽工程,施工质量控制非常关键,仪器埋设一旦失败很难补救,西霞院工程中一些新型仪器的使用对施工质量提出了更高的要求。对此,监理工程师始终坚持"质量第一"的原则,在监理过程中采取了一系列有效措施,加强对施工中各环节的质量检查,避免因施工质量问题导致仪器无法正常工作,保证了观测仪器设备安装和埋设工作的顺利进行。

(1)设计图纸审查。原观室在收到合同及设计图纸之后进行审查,如果发现错漏及时通过监理部反馈业主、设计单位,在设计文件图纸修改完善之后,再通过发文的形式通知承包商完善施工方案和施工措施,避免给施工带来不利影响。

(2)施工方案和技术措施审查。观测仪器设备安装和埋设前,监理工程师按照合同技术条款和设计图纸的要求,对承包商提交的观测仪器埋设施工方案和技术措施进行严格审查。重点是审查仪器埋设工艺、质量控制措施、施工期监测安排、仪器设备维护措施以及安全文明生产及其保障措施等。若施工方案不能满足要求,则指令施工单位进行补充、修改、完善,并重新报批。

(3)加强观测仪器安装、调试试验工作。西霞院工程中所有观测仪器设备均由业主集中采购和率定,承包商只负责现场安装、调试。监理工程师要求承包商在每种类型仪器安装前先进行试验性的安装、调试,特别是做好新型观测仪器的安装、调试试验工作,准确掌握每种类型仪器安装、埋设过程中的关键环节和质量控制措施,为现场施工积累经验。

(4)现场巡查及旁站监理。监理通过现场巡查和旁站监理,及时了解承包商的施工准备工作是否满足要求,对仪器设备安装、调试中的关键工序、质量控制要点部位进行质量检测,发现问题及时纠正处理。每支观测仪器安装埋设后,施工人员必须填写安装埋设记录,绘制竣工草图。整个安装埋设过程中都要用数码相机拍照,存档备查。

(5)召开安全监测例会。每月定期召开安全监测例会,听取各承包商关于前一个月的工作情况汇报,同时就观测仪器设备安装和埋设过程中存在的问题提出整改意见,要求承包商在下一步工作中加紧落实。就一些重点问题和共性问题达成一致的意见,最后形成会议纪要,供会后遵照执行。

(6)执行监测与维护制度。按合同文件、有关技术规范的规定,要求承包商按规定频次对已安装埋设的观测仪器进行观测,保证监测成果的连续性。按时提交观测原始资料、计算成果与阶段分析报告。在观测期间,若发现异常情况,要求承包商24 h内报监理工程师,由监理工程师会同业主、设计单位进行检查处理。

在建筑物施工中,为保护已安装埋设的观测仪器和设施免遭损坏,要求承包商制定切实可行的观测仪器、设施保护措施,在观测仪器、设施附近设置警示标识,对观测仪器电缆外加铁皮箱进行保护,并派专人进行全天巡查守护,定期对观测仪器连通性进行测试并做好相应检查记录,每月向监理部提交巡视检查报告。若发现观测仪器、设施遭受破坏,承包商应立即报监理工程师进行检查,并提交书面报告,分析事故原因、经过,查找责任人,提出补救措施,报监理工程师审批。

6.3.3 工程量计量

监理工程师依据施工图、设计修改通知和监理工程师发布的变更指示,按照合同技术条款规定的计量方法对承包商报送的工程量签认单进行审核,确认无误后进行签认,汇总以后报送监理部进行复核。

6.3.4 文件信息管理

(1)资料的收集与整理。工程施工过程中,对来自业主、监理部、施工单位、设计单位和有关部门的文件通知及时整理归类,按先后日期登记并汇总,分别保管。

现场信息收集是信息管理的重要内容,主要通过巡视、跟踪、旁站及会议记录等渠道获取。监理人员除现场进行记录外,还要填写监理日志。记录内容包括现场仪器安装情况、周围施工情况、监理工作情况、各类事件情况、天气情况、会议、电话及口头通知等。

(2)信息的传递与运用。原观室按时编写监理周报、监理月报,监测简报并上报有关部门。如遇重大技术问题、重大事项随时向业主报告。将业主和监理部的工作部署和具体要求及时传达到各监理人员和各施工单位,并加以落实和检查。

6.3.5 厂房基础主要监测仪器性能指标

6.3.5.1 渗压计

渗压计采用基康仪器(北京)有限公司(简称北京基康公司)生产的 BGK-4500S 型振弦式传感器,该传感器适合埋设在水工建筑物和基岩内,或安装在测压管、钻孔、堤坝管道或压力容器中,以测量孔隙水压力或液体液位。主要部件均采用特殊钢材制造,适合在各种恶劣环境中使用。标准的透水石选用带 50 μm 小孔的烧结不锈钢制成,具有良好的透水性。特殊的稳定补偿技术使传感器具有极小的温度补偿系数。主要技术指标如表 6-1 所示。

表 6-1　BGK-4500S 型传感器主要技术指标

项目	技术指标
标准量程	0.35、0.7 MPa
非线性度	直线:≤0.5% FS;多项式:≤0.1% FS
灵敏率	0.025% FS
过载能力	50%
标距	133 mm
外径	19.05 mm

6.3.5.2 多点位移计

BGK-4450 型多点位移计可直接安装在钻孔里,灌浆锚固施工便捷,在钻孔不同深度分别安装锚头,以监测不同深度多个滑动面和区域的变形或沉降位移。主要技术指标如表 6-2 所示。

表 6-2　BGK-4450 型多点位移计主要技术指标

项目	技术指标
测量范围	100 mm
分辨率	0.025% FSR
线性	0.25% FSR
温度漂移	<0.05% FSR/℃
零漂	<0.2% yr(静态时)
超量程	115%
温度范围	−40 ~ +60 ℃
频率范围(标准型号)	1 200 ~ 2 800 Hz
频率范围(细长杆型)	1 700 ~ 3 600 Hz
线圈电阻	180 Ω, ±10 Ω
热敏电阻温度范围	−80 ~ +150 ℃
热敏电阻精度	±0.5 ℃

6.3.5.3 压力盒

BGK-4810 型土压力计用来测量填土对挡土墙表面的界面接触压力,压力盒有一个超厚背板,以减少任何点负载的影响。主要部件均选用特殊钢材制造,适合在各种恶劣环境中使用。主要技术指标如表6-3所示。

表6-3 BGK-4810 型土压力计主要技术指标

项目	技术指标
标准量程	0.35、0.7、1、2、3 MPa(接受其他量程定制)
非线性度	直线:≤0.5% FS;多项式:≤0.1% FS
灵敏度	0.04% FS
温度范围	-20 ~ +80 ℃
耐水压	可按客户要求定制耐0.5、2 MPa 或其他水压
过载能力	50%
承压直径	230 mm
承压板厚度	12 mm

6.3.5.4 静力水准仪

BGK-4675 型沉降监测(静力水准)系统特别适合于要求高精度监测垂直位移的场合,可监测到0.03 mm 的高程变化。系统由一系列含有液位传感器的容器组成,容器间由充液管互相连通。基准容器位于一个稳定的基准点,其他容器位于同基准容器大致相同标高的不同位置,任何一个容器与基准容器间的高程变化都将引起相应容器内的液位变化。主要技术指标如表6-4所示。

表6-4 BGK-4675 型沉降监测(静力水准)系统主要技术指标

项目	技术指标
测量范围	300 mm
精度	±0.1% FS
灵敏度	0.025% FS
温度范围	-20 ~ +80 ℃(使用防冻液)
耐水压	可按客户要求定制0.5、2 MPa 或其他水压

6.3.5.5 埋入式测缝计

BGK-4400 型埋入式测缝计适用于监测混凝土、岩石等结构物的伸缩缝开合度,可埋设在混凝土内长期监测建筑物的裂缝变化。内置万向节允许一定程度的剪切位移。内置温度传感器可同时监测安装位置的温度。具有很高的精度和灵敏度、卓越的防水性能、耐腐蚀性和长期稳定性。主要技术指标如表6-5所示。

6.3.5.6 应变计(无应力计)

BGK-4200 型埋入式应变计可直接埋设在水工建筑物及其他结构的混凝土内,以监测混凝土内部的应变。内置温度传感器可同时监测安装位置的温度。BGK-4200 型适用于基础、桩基、桥梁、隧洞衬砌等的应变监测,增加一些选购配套设备,可构成多向应变计或无应力计。主要技术指标如表 6-6 所示。

表 6-5 BGK-4400 型埋入式测缝计主要技术指标

项目	技术指标
标准量程	50 mm
非线性度	直线:≤0.5% FS;多项式:≤0.1% FS
灵敏度	0.025% FS
温度范围	−20 ~ +80 ℃
耐水压	可按客户要求定制耐 0.5、2 MPa 或其他水压
外形尺寸	ϕ50 mm $\times L$(仪器长度因量程不同而异)

表 6-6 BGK-4200 型埋入式应变计主要技术指标

项目	技术指标
标准量程	3 000 $\mu\varepsilon$
非线性度	直线:≤0.5% FS;多项式:≤0.1% FS
灵敏度	1 $\mu\varepsilon$
温度范围	−20 ~ +80 ℃
耐水压	可按客户要求定制耐 0.5、2 MPa 或其他水压
标距	150 mm
安装方式	埋入式

6.3.5.7 表面单(双)向测缝计

BGK-4420 型表面测缝计适合安装在建筑物表面,可在恶劣环境下长期监测结构裂缝和接缝的开合度。两端的球形万向节允许一定程度的剪切位移。内置温度传感器可同时监测安装位置的温度。增加一些选购配套设备,可用于混凝土面板坝、堆石坝的脱空位移监测,及周边缝、基岩软弱夹层两侧岩体的错动等双向及三向裂缝监测。主要技术指标如表 6-7 所示。

表 6-7 BGK-4420 型表面测缝计主要技术指标

项目	技术指标
标准量程	50 mm
非线性度	直线:≤0.5% FS;多项式:≤0.1% FS
灵敏度	0.025% FS
温度范围	−20 ~ +80 ℃
耐水压	可按客户要求定制耐 0.5、2 MPa 或其他水压
标距	依量程而定
直径	12 mm(柱身)/25 mm(线圈)

6.3.6 电站坝段监测仪器安装

6.3.6.1 渗压计安装

（1）厂房基础面开挖到设计高程以后,采用全站仪定出钻孔的位置,在仪器安装位置挖一个深 1 m 的坑。

（2）将一根直径 110 mm 的 PVC 管用电钻在管上钻间距 2 cm、直径 1 cm 的孔（见图 6-2）。

（3）将钻好孔的 PVC 管缠上土工布垂直放入坑内,人工回填并夯实开挖的基础原状料,如图 6-3 所示。

（4）将渗压计前端的透水石取下在清水中浸泡 2 h 以上;为了保证仪器进水口的通畅,防止污水泥浆进入进水口,在渗压计的前端用中细砂做成人工过滤层,人工过滤层外用多层纱布包裹。

（5）先在 PVC 管中放入 50 cm 的洗净中粗砂,然后将包裹好的渗压计放入管中,渗压计放好后继续回填洗净的中粗砂,直至将 PVC 管填满,如图 6-3 所示。

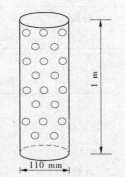

图 6-2　PVC 花管制作示意

6.3.6.2 多点位移计安装

（1）多点位移计安装时点位误差要控制在 100 mm 以内。

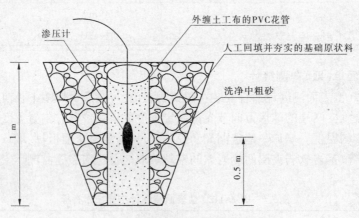

图 6-3　渗压计安装示意图

（2）钻孔应进行地质描述,并绘制岩芯柱状图。

（3）安装前应按照测点的实际分布情况在现场组装,使传感器与其电缆相对应,检查无误后,方可插入钻孔内。

（4）各测杆保护管应密封牢靠,防止浆液进入。

（5）注浆材料的弹性模量应接近或小于其周围介质。

6.3.6.3 压力盒安装

（1）安装基础面压力盒时,首先定出压力盒的安装位置,然后在基础面上铺设 6 cm

水泥砂浆,并用水平尺找平;水泥砂浆铺设 24 h 后,在已经凝固的水泥砂浆表面再铺设一层水泥砂浆,铺设厚度以 3 cm 为宜;将压力盒放在后铺设的水泥砂浆上面,边旋转边挤压,同时用水平尺控制,使之保持水平;用大于 10 kg 的负重压在压力盒表面负重 24 h 后,移去负重,在压力盒表面再铺设一层水泥砂浆进行保护。

(2)安装桩顶压力盒时,首先定出桩间压力盒的安装位置,然后人工将压力盒安装位置处的回填砂砾料挖除,露出混凝土抗滑桩表面;在桩表面上铺设 6 cm 水泥砂浆,并用水平尺找平;水泥砂浆铺设 24 h 后,在已经凝固的水泥砂浆表面再铺设一层水泥砂浆,铺设厚度以 3 cm 为宜;将压力盒放在后铺设的水泥砂浆上面,边旋转边挤压,同时用水平尺控制,使之保持水平;利用三脚架将大于 10 kg 的负重压在压力盒表面;负重 24 h 后,移去负重,在压力盒表面再铺设一层细砂进行保护,然后人工回填并夯实原状料。

6.3.6.4 静力水准仪安装

(1)在廊道混凝土浇筑之前,采用全站仪测定出各测点的平面位置,然后分别在各测点预埋 4 根 φ 16 的钢筋。

(2)待廊道混凝土浇筑完成后分别在各测点浇筑一个 40 cm × 40 cm × 20 cm 的混凝土底座,底座顶面预埋两根 M8 的螺栓,并用水准仪控制各底座顶面之间的高差在 10 mm 以内。

(3)严格根据仪器安装说明书和监理工程师的指导将仪器安装在各混凝土底座上。

6.3.6.5 埋入式测缝计安装

待先浇筑的一块混凝土支模时定出该仪器在模板上的埋设位置;将测缝计的套筒用油麻丝塞满,并固定在模板上,套筒应尽可能垂直于模板,等到第二块混凝土开面并浇筑到套筒高程时,取出油麻丝,将测缝计的传感器端拧进套筒并拧紧,利用三脚架将传感器拉伸到设计要求的长度,人工埋上已将 8 cm 以上骨料剔除的混凝土,并由人工小心捣实,防止仪器损坏。埋设前后检测读数是否正常,做好记录。

6.3.6.6 应变计(无应力计)安装

安装应变计时,在高出应变埋设位置 40 cm 左右的地方做一个标志,作为应变计位置的基准点。待混凝土浇筑到该应变计的埋设位置并振捣密实后将埋设部位的混凝土挖一个适当的小坑,根据基准点放出应变计在坑中的位置,将应变计放入坑中,其角度误差不得超过 ±1.0°。将挖出的混凝土除去 8 cm 以上的骨料,填入深度约为坑深的 1/2,并人工捣实,检查仪器方向是否有变动。然后将除去 3 cm 以上骨料的混凝土填满坑中,并人工捣实。埋设前后都要检查仪器是否正常,做好记录。

无应力计应埋设在距离应变计 1～1.5 m 且环境相同的混凝土中。先将应变计用铁丝固定在无应力计的铁筒中心,筒内填入与应变计同质量的混凝土,仪器附近除去大于 8 cm 的骨料。经人工捣实后筒内混凝土面以与筒口平为宜,埋设前后都要检查仪器是否正常,做好记录。

6.3.6.7 表面单(双)向测缝计安装

待埋设该仪器位置的两块混凝土拆模以后,定位出该仪器的埋设位置,再根据仪器的埋设位置定出仪器锚杆的位置,位置尽可能满足测缝计垂直于测缝面的要求。用电锤打孔,孔深大于锚杆长度,孔径大于锚杆直径。清理钻孔后往钻孔内注入砂浆,然后将仪器连接锚杆嵌入孔内,调整连杆间距,使测缝计张拉20 mm,待砂浆凝固后,用保护罩将仪器保护好,并测读仪器安装前后的读数是否正常,做好记录。

6.3.7 电站坝段仪器验收标准

为加强小浪底水利枢纽配套工程——西霞院反调节水库安全监测系统工程建设质量管理,保证工程施工质量,统一质量检验和评定方法,使施工质量验收和评定工作标准化、规范化,监理单位根据《水利水电建设工程验收规程》(SL 223—2008)、《水利水电工程施工质量检验与评定规程》(SL 176—2007)等相关标准规程编制了小浪底水利枢纽配套工程——西霞院反调节水库安全监测系统单元工程施工质量验收和评定标准。

其中,质量评定标准按单支土工膜仪器划分一个单元工程,包含观测电缆敷设及相关的土建工作。其基本工序包括仪器埋设、读数检查、观测电缆敷设,施工单位和监理单位对所有基本工序的检查数量均为100%,对仪器埋设和电缆敷设两道关键工序应进行过程签认。单元工程及工序质量评定要求为主要检测检查项目100%符合本标准,其他检查项目80%符合本标准即评为合格;主要检测检查项目和其他检查项目100%符合本标准即评为优良。

6.3.7.1 仪器埋设检查

仪器埋设主要检查项目、质量标准和检查方法见表6-8。

表6-8   仪器埋设检查

项类	项次	检查项目	质量标准	检查方法
主控项目	1	埋设位置、方向和角度	符合规范和设计要求	检查测量资料
	2	安装埋设方法	符合规范和设计要求	按照规范要求进行
	3	调试	符合规范和设计要求	检查观测数据
一般项目	4	相关土建工作	符合规范和设计要求	按照相关规范要求检查
	5	仪器保护	符合设计要求	现场检查
	6	仪器埋设资料	仪器埋设质量验收表、竣工图、考证表、测量资料、施工记录、安装照片和相关土建工作验收资料	位置准确,资料齐全,规格统一,记录真实可靠

其他检查项目:

(1)安装和埋设完毕,应及时进行质量验收,绘制竣工图,填写施工记录和考证表,存档备查。

(2)与仪器埋设相关的钻孔、开挖和填筑等土建工作应按照相关规范的要求进行质量检查。

(3)质量检查项目、质量标准和检查方法见表6-8。

工序质量验收:工序质量验收合格,准许进入下道工序。

6.3.7.2 读数检查

读数检查的检查项目、质量标准和检查方法见表6-9。

表6-9 读数检查

项类	项次	检查项目	质量标准	检查方法
主控项目	1	埋设前读数检查频次	至少观测3次	监测连续,数据可靠,记录真实,注记齐全,整理及时,发现异常及时复测
	2	埋设过程中读数检查	跟踪观测,读数变化趋势应符合各类仪器变化规律,否则要及时分析原因,进行补救	
	3	埋设后读数检查	各监测仪器的埋设调试后读数应符合规范和设计要求;读数稳定,埋入初始符合各类观测项目的变化规律	
	4	观测数据原始记录	记录格式符合规范要求,原始记录必须在现场用铅笔或钢笔填写,填写时发生错误不得涂改,应将错处用直线划掉,在右上角填写正确记录,对有疑问的记录应在左上角标识问号,并在备注栏内说明原因	
一般项目	5	观测频次	符合规范和设计要求	项目齐全,考证清楚,数据可靠,图表完整,规格统一,说明完备
	6	监测资料整编 平时资料整理	每次仪器监测后应随即对原始记录加以检查和整理,计算、查证原始观测数据的可靠性和准确性,做出初步分析,如有异常和疑点,应及时复测确认,做出判断,如影响工程安全运行,应及时上报主管部门	
		定期整编刊印	在平时资料整理的基础上,按规定时段对观测资料进行全面整理、汇编和分析,并附以简要安全分析意见和编印说明后刊印成册,在施工期视工程进度而定,最长不超过一年	

6.3.7.3 其他检查项目

(1)对仪器埋设前、埋设过程中、埋设后的观测数据质量进行检查。

(2)对施工期观测频次和监测资料整编情况进行检查。

(3)质量检查项目、质量标准和检查方法见表6-9。

工序质量验收:工序质量验收合格,准许进入下道工序。

6.3.7.4 观测电缆敷设检查

观测电缆敷设检查主要对仪器编号,电缆连接、水平敷设和垂直牵引的质量进行检查。质量检查项目、质量标准和检查方法见表6-10。

其他检查项目:对电缆敷设路线、跨缝处理、止水处理进行质量检查,定期对电缆连通性和绝缘性能检查并填写检查记录和说明,在电缆回填或埋入混凝土前后必须立即检查。

表 6-10　电缆敷设质量检查

项类	项次	检查项目	质量标准	检查方法	备注
主控项目	1	仪器编号	观测端应有 3 个编号;仪器端应有 1 个编号;每隔 20 m 应有一个编号;编号材料应能防水、防污、防锈蚀	与设计编号一致	电缆敷设施工时间跨度较长,可按时段或敷设方式进行质量检查
主控项目	2	电缆接头连接质量	符合规范要求;1.0 MPa 压力水中接头绝缘电阻 >50 MΩ	按照规范和设计要求现场检查,必要时拍摄照片或录像	电缆敷设施工时间跨度较长,可按时段或敷设方式进行质量检查
主控项目	3	水平敷设	符合规范和设计要求	按照规范和设计要求现场检查,必要时拍摄照片或录像	电缆敷设施工时间跨度较长,可按时段或敷设方式进行质量检查
主控项目	4	垂直牵引	符合规范和设计要求	按照规范和设计要求现场检查,必要时拍摄照片或录像	电缆敷设施工时间跨度较长,可按时段或敷设方式进行质量检查
一般项目	5	敷设路线	符合规范和设计要求	现场检查、必要时拍摄照片或录像	电缆敷设施工时间跨度较长,可按时段或敷设方式进行质量检查
一般项目	6	跨缝处理	符合规范和设计要求	现场检查、必要时拍摄照片或录像	电缆敷设施工时间跨度较长,可按时段或敷设方式进行质量检查
一般项目	7	止水处理	符合规范和设计要求	现场检查、必要时拍摄照片或录像	电缆敷设施工时间跨度较长,可按时段或敷设方式进行质量检查
一般项目	8	电缆连通性和绝缘性检查	按规定时段对电缆连通性和仪器状态及绝缘情况进行检查并填写检查记录和说明;在回填或埋入混凝土前后,应立即检查	使用测读仪表现场检查记录	电缆敷设施工时间跨度较长,可按时段或敷设方式进行质量检查

渗压计等施工质量检查项目、质量标准和检查方法见表 6-11 ～ 表 6-18。

表 6-11　渗压计施工质量检查

项类	项次	检查项目		质量标准	检查方法
主控项目	1	埋设前渗压计在无气水中浸泡时间		>2 h	现场检查
主控项目	2	渗压计周边回填砂	砂包直径	80 mm 左右	用钢尺检查
主控项目	2	渗压计周边回填砂	粒径	0.63 ～ 2 mm 级配均匀、清洁、含水饱和的细砂	取样检查
一般项目	3	钻孔	孔位偏差	符合设计要求	用全站仪或经纬仪检查
一般项目	4	钻孔	孔径	符合规范或设计要求	检查钻头直径
一般项目	5	钻孔	孔深	符合规范或设计要求	用测绳或测杆检查
一般项目	6	钻孔	孔斜	符合规范或设计要求	用测斜工具测定
一般项目	7	集水段回填过滤料	集水段回填深度	>1 m	用测杆检查
一般项目	8	集水段回填过滤料	回填过滤料粒径	小于 10 mm、清洁、含水饱和的砂砾石	取样检查

表 6-12　多点位移计施工质量检查

项类	项次	检查项目		质量标准	检查方法
主控项目	1	传感器量程调节		符合设计或厂家要求	用测读仪表检查
	2	测杆组装		按设计长度组装	检查每个测点的长度
	3	岩芯描述		完整详细	检查岩芯和岩芯柱状图
一般项目	4	孔位偏差		符合设计要求	用全站仪或经纬仪检查
	5	孔径		75 ~ 130 mm	检查钻头直径
	6	孔斜		<1°	用测斜工具测定
	7	孔深		>设计要求 0.2 ~ 0.5 m	用测绳或测杆检查
	8	冲孔		回水清净	观看回水
	9	回填灌浆	水泥砂浆强度	符合设计要求	取样成型,做强度试验
			注浆压力	<0.5 MPa	用压力表检查
	10	孔口保护		符合设计要求	现场检查

表 6-13　压力盒施工质量检查

项类	项次	检查项目	质量标准	检查方法
主控项目	1	水平度或垂直度	符合规范和设计要求	用电子水平尺检查
一般项目	2	位置误差	<5 cm	用全站仪或经纬仪检查
	3	压重放置时间	12 h	现场检查

表 6-14　静力水准仪施工质量检查

项类	项次	检查项目	质量标准	检查方法
主控项目	1	基准点	水准点或双金属标	用水准仪引测各测点位置
	2	充液	液体为蒸馏水,寒冷地区加防冻液。充液后排净连通管和钵体内的气泡	使用专用标定设备和测读仪表联合检查
	3	传感器安装后整体标定	符合设计或厂家要求	
一般项目	4	各测点墩位置偏差	符合设计要求	用全站仪或经纬仪检查
	5	各测点墩面高程差	<10 mm	用水准仪检查
	6	安装钵体、连通管、浮子	清洗干净,用75%酒精消毒,连通管无扭折	现场检查

表 6-15　埋入式测缝计施工质量检查

项类	项次	检查项目	质量标准	检查方法
主控项目	1	传感器量程调节	符合设计或厂家要求	用测读仪表检查
	2	仪器安装后的套筒密封性	测缝计波纹管段不得渗入水泥浆液	现场检查
一般项目	3	位置误差	<5 cm	用全站仪或经纬仪检查
	4	预埋套筒	套筒内填满棉纱,防止水泥浆液堵塞连接底座螺纹	现场检查

表 6-16　应变计(无应力计)施工质量检查

项类	项次	检查项目	质量标准	检查方法
主控项目	1	应变计角度误差	±1°	用罗盘或量角仪器检查
一般项目	2	位置误差	<2 cm	用全站仪或经纬仪检查

表 6-17　无应力计施工质量检查

项类	项次	检查项目	质量标准	检查方法
主控项目	1	角度误差	±1°	用罗盘或量角仪器检查
一般项目	2	位置误差	<2 cm	用全站仪或经纬仪检查
	3	无应力计套筒检查	符合规范的要求	用目视和直尺检查

表 6-18　表面单(双)向测缝计施工质量检查

项类	项次	检查项目	质量标准	检查方法
主控项目	1	安装方向	符合设计要求	用目视和量角仪检查
	2	固定夹具安装	满足仪器安装精度要求并牢靠	用目视和直尺检查
一般项目	1	量程调节	预拉 20 mm	用直尺检查
	2	位置偏差	<5 cm	用全站仪或经纬仪检查
	3	保护罩	符合设计要求	用目视检查

6.3.7.5 电站坝段监测仪器观测记录、整编计算方式以及自动化系统接入

电站坝段监测仪器的测读参照部颁《混凝土大坝安全监测技术规范》(DL/T 5178—2003)和部颁《土石坝安全监测技术规范》(SL 551—2011)对监测项目的频次要求,结合西霞院工程的实际情况,制定了"西霞院工程原型观测仪器测读频次规定"。根据该规定,测读人员在每月底按照工程现场的施工进度和实际情况制订下月的月监测计划,按部位分组严格依据上述月监测计划对已安装仪器进行数据采集。

6.3.7.6 人工观测记录和整编计算

(1)渗压计有美国 Geokon 公司生产的 4500S-700 kPa 型渗压计和北京基康公司生产的 4500S-350 kPa 型渗压计,两者均为振弦式仪器。气压计由美国 Geokon 公司生产,为4580 型振弦式仪器,以上两种仪器的监测采用美国 Geokon 公司生产的 GK-403 读数仪和北京基康公司生产的 BGK-408 读数仪,人工测读方法和步骤如下:

①用连接导线连接读数仪与传感器;

②打开读数仪,将选择旋钮调到"B"挡位置;

③读取显示屏上的数据,温度直接以摄氏度(℃)显示;

④记录完毕后关闭读数仪电源。

(2)多点位移计是由北京基康公司生产、型号为 4450-100 mm 的玻璃纤维杆式多点位移计,人工测读方法和步骤如下:

①用连接导线连接读数仪与传感器;

②打开读数仪,将选择旋钮调到"B"挡位置;

③读取显示屏上的数据,温度直接以摄氏度(℃)显示;

④记录完毕后关闭读数仪电源。

(3)压力盒由美国 Geokon 公司生产,为 4810-3 MPa/4820-3 MPa 型振弦式仪器,人工测读方法和步骤如下:

①用连接导线连接读数仪与传感器;

②打开读数仪,将选择旋钮调到"B"挡位置;

③读取显示屏上的数据,温度直接以摄氏度(℃)显示;

④记录完毕后关闭读数仪电源。

(4)静力水准仪由北京基康公司生产,为 4675-300 mm 型振弦式仪器,该仪器使用GK-403 读数仪进行测读,人工测读操作步骤如下:

①用连接导线连接读数仪与传感器;

②打开读数仪,将选择旋钮调到"B"挡位置;

③读取显示屏上的数据,温度直接以摄氏度(℃)显示;

④记录完毕后关闭读数仪电源。

(5)埋入式单向测缝计由美国 Geokon 公司生产,为 4400-50 mm 型振弦式仪器,采用美国 Geokon 公司生产的 GK-403 读数仪,人工测读操作步骤如下:

①用连接导线连接读数仪与传感器;

②打开读数仪,将选择旋钮调到"B"挡位置;

③读取显示屏上的数据,温度直接以摄氏度(℃)显示;

④记录完毕后关闭读数仪电源。

（6）混凝土应变计和无应力计有两种，分别由美国 Geokon 公司和北京基康公司生产，两者均为 4200-3000μ 型振弦式仪器。以上两种仪器的监测采用北京基康公司生产的 BGK-408 读数仪，人工测读操作步骤如下：

①用连接导线连接读数仪与传感器；

②打开读数仪，将选择旋钮调到"C"挡位置；

③读取显示屏上的数据，温度直接以摄氏度（℃）显示；

④记录完毕后关闭读数仪电源。

（7）表面单（双）向测缝计由北京基康公司生产，为 4420-50 mm 型振弦式仪器，人工测读操作步骤如下：

①用连接导线连接读数仪与传感器；

②打开读数仪，将选择旋钮调到"C"挡位置；

③读取显示屏上的数据，温度直接以摄氏度（℃）显示；

④记录完毕后关闭读数仪电源。

物理量转化成目标量的计算方法：本工程使用的监测仪器大部分为振弦式传感器，所有传感器均有厂家给定的计算方法和参数，直接应用即可。监测资料的整理和分析工作一般由原型监测监理人来完成，一般情况下，每月出一份监测简报，监测简报的整理分析工作按照有关规程、规范的要求进行。监测简报的内容主要介绍各部位仪器的安装埋设情况、监测数据的整编情况，通过监测资料发现各部位需要注意的问题，各部位主要监测仪器的测值过程线和特征值等。

6.3.7.7　自动化系统接入

西霞院安全监测的自动化系统用美国基康公司生产的 GK440 分布式网络测量系统。该系统的主要性能指标有：

（1）通过选配相应的数据采集模块，能采集本工程各种类型数据的安全监测仪器：钢弦式传感器、电阻式传感器、电感调频式（位移计）、光电式传感器等。

（2）具备巡测和选测功能，具有可任意设置的采样方式，如定时、单检、巡检、选测或设测点群。

（3）每台 MCU 采用模块化结构，由机箱、母板、电源板、CPU 板、各类仪器的测量通道板、变压器、备用蓄电池、防雷保护器等组成。

（4）具有电源管理、掉电保护和电池供电功能，外部电源中断时，保证数据和参数不丢失，并能自动上电，并维持 7 d 以上正常运行。

（5）具有掉电保护和时钟功能，能按任意设定的时间自动启动测量和暂存数据，数据存储容量不小于 1 M。

（6）数据通信功能，MCU 与管理主机之间的双向数据传输。具有数码校验、剔除乱码的功能。通信接口采用 RS485。长距离通信方式可采用 Modem、无线或光纤。

（7）可接收数据采集计算机的命令设定、修改时钟和控制参数。

（8）数据管理功能：完成原始数据测值的转换、计算、存储等；可进行各类仪器的测值浏览。

(9)可使用便携计算机或读数仪实施现场测量,并能从测量控制单元(MCU)中获取其暂存的数据。

(10)系统自检:MCU 应能对遥测单元、电源、通信线路及相连的测量仪器进行自检,当 MCU 设备发生故障时,应能向管理主机发送故障信息,以便及时维护。

(11)防雷:MCU 应具有防雷、抗干扰措施,保证在雷电感应和电源波动等情况下能正常工作。防雷电感应 > 1 000 W;能防尘、防腐蚀,适应恶劣温湿度环境,工作湿度 $-20 \sim +60 ℃$,相对湿度≤98%,具有防潮密封及加热干燥措施。

(12)每通道测量时间: < 3 s。

(13)电源系统:供电方式,6 ~ 18 A 直流和 220 V 交流任选。

(14)具有人工比测接口。

(15)重要部件具有冗余备份。

(16)箱体尺寸:330 mm(宽)×460 mm(高)×160 mm(深);质量:约 12 kg。

(17)测量精度应能满足 DL/T 5178—2003 和 SL 60—94 的要求。

该自动化系统满足以下要求:

(1)传输距离:0 ~ 6 000 m。

(2)现地监测单元的数量:≤128 个 MCU。

(3)采样对象:能接入本工程所有类型的传感器。

(4)测量方式:定时、单检、巡检、选测或设测点群。

(5)定时间隔:1 min 至 30 d,可调。

(6)采样时间:5 ~ 10 s/点;巡检时间应能设置,巡检一遍时间不大于 0.5 h。

(7)工作湿度: < 95%。

(8)工作电源:220 V ± 10%,50 Hz。

(9)现地监测单元平均无故障时间(MTBF):≥8 000 h。

(10)监测系统设备传输的误码率:≤10^{-4}。

(11)系统防雷电感应:≥1 000 W。

(12)重要部件具有冗余备份。

(13)具备高抗干扰能力,每周测量一次,年数据采集缺失率应小于2%。

通过现场安装调试和试运行,自动化系统满足相关规范和技术要求,系统功能具体如下:

(1)数据采集功能:系统可用中央控制方式或自动控制方式实现自动巡测、定时巡测或选测,测量方式为每 1 min 至每月采集一次,可调。

(2)监测系统运行状态自检和报警功能。

系统运行的稳定性应满足下列要求:

(1)按每小时测量一次,连续监测 72 h 的实测数据连续性、周期性好,无系统性偏移,试运行期监测数据能反映工程监测对象的变化规律。

(2)自动测量数据与对应时间的人工实测数据比较无明显偏离。

(3)在被监测物理量基本不变的条件下,系统数据采集装置连续 15 次采集数据的精度应接近一次测量的准确度要求。

(4)自动采集的数据其准确度满足《混凝土坝安全监测技术规范》(DL/T 5178—2003)、《土石坝安全监测技术规范》(SL 60—94)和《大坝安全监测自动化技术规范》(DL/T 5211—2005)。

系统可靠性应满足下列要求：

(1)系统设备的平均无故障工作时间应满足：数据采集装置 MTBF≥8 000 h。

(2)监测系统自动采集数据的缺失率应不大于2%。

系统实测数据与同时同条件人工比测数据偏差 δ 保持基本稳定，无趋势性漂移。与人工比测数据对比结果：δ≤2σ。

(3)采集时间。

系统单点采样时间：≤30 s；

系统完成一次巡测时间：≤30 min。

从已实施的观测项目的仪器运行情况看，由于在观测仪器安装、埋设中严格执行行业技术规范和西霞院工程有关的技术标准，除个别失效或测值不稳的监测仪器外，97%的观测仪器工作正常，各项监测数据基本满足有关技术要求，达到了监测项目的设计目的，西霞院工程已安装的监测仪器总体运行情况良好。西霞院工程安全监测项目已获取了万组以上的监测资料，除报告中已有阐述认为属异常测值外，所有其他监测资料均能及时反映监测部位观测物理量的变化情况，测值可靠，可信度高，为工程的安全施工与正常运行发挥了应有的作用。

6.4 厂房坝段监测资料整理与初步分析

6.4.1 西霞院蓄水运用情况

2007 年 5 月底，西霞院水库开始首次蓄水，水位首次抬升至 130～131 m 运行 4 个月之后，又抬升至 133 m 附近运行 2 个月，随后又降至 130.5 m 左右运行。

2008 年西霞院水库上游水位在 1 月到 6 月间升降频繁，下半年上游水位保持在 130 m 附近。2008 年最高上游水位 133.62 m(1 月 1 日)，最低上游水位 122.38 m(4 月 26 日)，变幅 11.24 m。年初上游水位 133.62 m，年末上游水位 129.97 m。

2008 年 1～4 月，下游水位在 121 m 附近窄幅变化；4 月底至 6 月中旬在 119 m 附近波动；6 月下旬至 7 月初由于小浪底调水调沙，下泄水量加大，下游水位上升到 123.5 m 左右，调水调沙结束后回落至 120 m 附近小幅波动。2008 年最高下游水位 123.49 m(6 月 26 日)，最低下游水位 118.81 m(6 月 7 日)，变幅 4.68 m。年初、年末下游水位均为 120.4 m。上、下游水位过程线见图 6-4。

6.4.2 外部变形监测

西霞院工程混凝土坝段实施的外变形观测项目共有 5 个，分别是：厂房下游 129 m 高程尾水平台沉降监测、厂房上游 139 m 高程平台沉陷监测、厂房上游 139 m 高程平台视准线监测、左导墙监测、出口消力塘边墙与隔墙监测点监测。监测内容为水平位移和垂直位

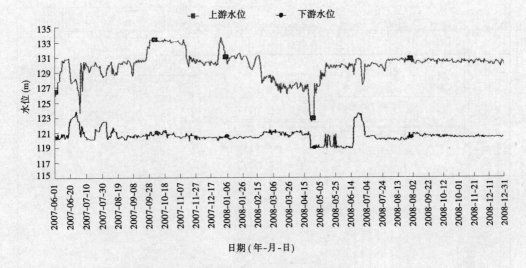

图6-4 上、下游水位过程线

移。其中,下游129 m高程尾水平台沉降和上游139 m高程平台沉降项目主要监测电站坝段的垂直位移变化;上游139 m高程平台视准线和出口边隔墙监测项目主要监测电站坝段的水平位移变化;上游左导墙项目监测水平和垂直位移变化。

西霞院反调节水库工程截流在2006年10月中旬进行,在截流前电站坝段永久沉降监测点已建成,于2006年10月14日开始永久监测点监测,同时施工期沉降监测工作停止。西霞院反调节水库工程电站坝段永久沉降监测点均按设计要求埋设。129 m高程沉降监测系统布置在副厂房下游侧,共布置13个监测点(编号为EM4 – 06、EM4 – 08、EM4 – 10、EM4 – 12、EM4 – 14、EM4 – 16、EM4 – 18、EM4 – 20、EM4 – 22、EM4 – 24、EM4 – 26、EM4 – 28、EM4 – 30);139 m高程沉降监测系统共布置17个监测点(编号为EM4 – 01、EM4 – 02、EM4 – 03、EM4 – 04、EM4 – 05、EM4 – 07、EM4 – 09、EM4 – 11、EM4 – 13、EM4 – 15、EM4 – 17、EM4 – 19、EM4 – 21、EM4 – 23、EM4 – 25、EM4 – 27、EM4 – 29),其布置图见图6-5。

在大坝右坝肩处、电站坝段左侧下游处各布设了一个工作基点,编号为N1、N2,作为电站坝段沉降观测的工作基点,并与西霞院工程变形监测其他工作基点组成工作基点网,工作基点网由小浪底水利枢纽变形监测水准基点"大沟河"(双洞室标)按一等水准精度进行联测,使用 Laica DNA03 电子水准仪(DS05 级水准仪)配 3 m 铟钢条码尺进行观测,观测时用工作基点 N1 或 N2 组成附合或闭合水准线路。外业作业限差要求是附合及闭合水准线路及两点间往、返高差不符值 ≤ ±2.0 $\sqrt{R}$ mm(R 为测段长度,单位为 km),视线长度 ≤30 m,前、后视距差 ≤0.5 m,前、后视距累计差 ≤1.5 m,视线高 ≥0.5 m。沉降观测频次为在电站坝段充水初期加密监测(最密为 3 d 一次),在位移变化稳定后改为一周一次的正常监测。

6.4.2.1 厂房下游 129 m 高程沉降监测

从 2006 年 10 月 14 日取得初始值,观测频率一周一次,至 2008 年末已观测 119 次。各监测点沉降变化情况见表 6-19。

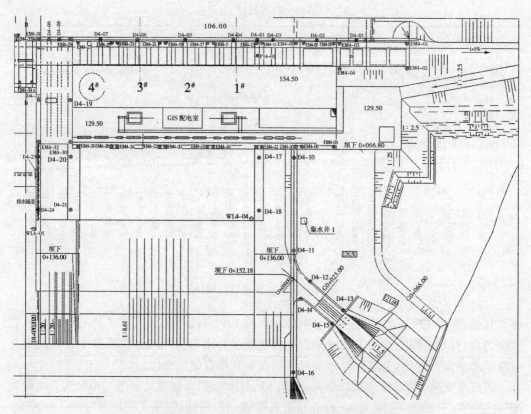

图 6-5 西霞院反调节水库工程电站坝段永久沉降监测点布置图

表 6-19 厂房下游 129 m 高程沉降监测各监测点位移变化 （单位:mm）

项目		点号												
		EM4-06	EM4-08	EM4-10	EM4-12	EM4-14	EM4-16	EM4-18	EM4-20	EM4-22	EM4-24	EM4-26	EM4-28	EM4-30	EM4-32
年末累计位移		+5.1	+6.3	+8.0	+10.0	+10.7	+12.9	+13.2	+14.2	+14.7	+16.6	+17.7	+17.2	+17.1	+15.7
位移	本年	+1.0	+0.2	+0.4	+0.4	+1.2	+0.2	-0.1	-1.1	-1.0	-0.7	-0.7	-0.8	-1.2	-1.2
	去年	+4.0	+2.5	+2.6	+3.4	+3.4	+5.7	+6.1	+6.9	+7.1	+6.5	+6.9	+5.8	+4.4	+5.5
年最大值		+8.5	+8.5	+9.6	+11.5	+11.9	+14.8	+15.3	+16.9	+17.3	+18.5	+19.4	+19.4	+19.9	+18.9
年最小值		+3.9	+5.9	+5.3	+5.1	+5.4	+6.6	+7.3	+8.7	+9.1	+11.3	+12.0	+13.0	+12.7	+13.2
年变幅	本年	4.6	2.6	4.3	6.4	6.5	8.2	8.0	8.2	8.2	7.2	7.4	6.4	7.2	5.7
	去年	6.7	2.3	3.7	5.9	5.6	7.9	8.0	8.4	8.5	7.4	8.0	6.1	5.8	5.9
所处部位		安装间				1#机组		2#机组		3#机组		4#机组		右排沙洞	

注:"+"表示下沉,"-"表示上抬;本年指 2011 年,去年指 2010 年,下同。

各部位累计垂直位移变化较大点(EM4 – 12、EM4 – 16、EM4 – 20、EM4 – 24、EM4 – 26、EM4 – 30)位移变化过程线见图6-6。

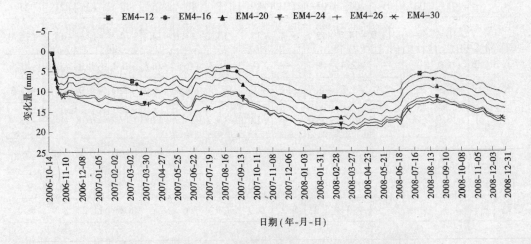

图6-6　各部位累计垂直位移变化较大点、位移变化过程线

从表6-19可以看出:厂房下游129 m高程沉降监测点至2008年末累计位移均呈下沉变化,累计沉降量为 +5.1 ~ +17.7 mm,以4#机组段和右排沙洞部位监测点变化最大(均大于15 mm),总体呈现沉降变化由北向南逐渐增大的趋势。各监测点位移变化量 -1.2 ~ +1.2 mm,量值不大,垂直位移变化不明显;各监测点2008年变化量明显小于2007年变化量(+2.5 ~ +7.1 mm),说明被监测部位沉降变化正在减小。从整体看,同一部位的两监测点累计位移和期内位移相差不大(累计位移差均不大于5.0 mm),表明所监测部位各建筑物未发现明显的不均匀沉降变化。各部位的垂直位移最大值出现在2 ~ 3月,最小值均出现在8 ~ 9月,年变幅量2.6 ~ 8.2 mm,与2007年变幅(2.3 ~ 8.5 mm)相近。从位移过程线变化规律看,气温变化与各点的沉降变化有较明显的相关性,显示在气温下降时呈下降变化、在气温升高时呈上抬趋势。

从图6-6看,各监测点位移过程线平顺,整体呈周期性变化,表现为受温度影响的变化趋势符合混凝土建筑物热胀冷缩的正常变化规律。各监测点变化规律基本相同,未见突异变化。

本项目监测结果表明,厂房下游129 m高程平台各监测部位期内未见异常垂直位移变化,目前该部位处于稳定工作状态。

6.4.2.2　电站坝段坝顶139 m高程沉降监测

厂房段监测点布置在上游,与下游129 m高程沉降监测点组成厂房部位的沉降监测系统。该项目从2006年10月14日取得初始值,观测频率一周一次,至2008年末已观测118次。各点沉降变化情况见表6-20。

厂房段各部位累计位移较大点(EM4 – 04、EM4 – 11、EM4 – 15、EM4 – 17、EM4 – 23、EM4 – 25、EM4 – 29)位移过程线见图6-7。

表6-20　电站坝段坝顶139 m高程沉降监测各点位移变化　（单位：mm）

点号	EM4-01	EM4-02	EM4-03	EM4-04	EM4-05	EM4-07	EM4-09	EM4-11	EM4-13	EM4-15	EM4-17	EM4-19	EM4-21	EM4-23
年末累计位移	+10.6	—	+13.9	+14.7	+12.5	—	+11.1	+13.1	+13.6	+14.7	+14.9	+12.7	+15.2	+16.0
位移 本年	+0.8	—	—	+2.4	+1.4	—	0	+0.3	+0.5	+0.3	-0.1	-1.9	-0.6	-0.5
位移 去年	+4.3	—	+2.0	+5.8	+4.7	—	+3.2	+3.7	+3.8	+4.9	+5.3	+4.9	+6.1	+5.6
年最大值	+13.9	—	+15.0	+15.2	+13.8	—	+13.1	+15.2	+15.7	+17.0	+17.6	+16.8	+17.9	+18.4
年最小值	+8.9	—	+11.4	+12.3	+10.3	—	+6.1	+5.4	+6.5	+7.2	+7.8	+2.5	+7.7	+9.0
年变幅 本年	5.0	—	3.6	2.9	3.5	—	7.0	9.8	9.2	9.8	9.8	14.3	10.2	9.4
年变幅 去年	4.3	—	—	4.3	5.3	8.2	5.9	7.9	7.6	8.6	8.6	11.2	8.9	8.2
所处部位	左门库					左排沙洞		1#机组		2#机组		3#机组		

点号	EM4-25	EM4-27	EM4-29	EM4-31
年末累计位移	+16.0	+15.5	+15.4	+14.4
位移 本年	-0.6	-0.8	-0.6	-0.6
位移 去年	+5.6	+4.9	+6.5	+5.8
年最大值	+18.6	+17.8	+17.8	+16.1
年最小值	+8.8	+9.2	+8.6	+9.1
年变幅 本年	9.8	8.6	9.2	7.0
年变幅 去年	8.3	7.4	8.2	6.8
所处部位	4#机组		右排沙洞	

注:"＋"表示下沉,"－"表示上抬。

　　监测结果显示,厂房段各部位变化规律同下游129 m高程沉降监测结果基本一致。其他部位监测点累计变化量相差不大,未见明显不均匀沉降变化。大部分监测点变化量为负值(呈微量上抬变化),各部位变化量值很小,垂直位移变化不明显;各部位年沉降最大值均出现在2月左右,年沉降最小值均出现在8月左右;各监测点的年变幅(3.1～14.3 mm)与2010年年变幅(2.5～11.2 mm)相近,未见突异变化。从位移变化过程线看,各监测点变化规律基本一致,未见突异变化点;位移过程线平顺连接,整体上呈周期性变化,呈受气温影响的相关变化(温度升高时上抬,温度下降时下沉),符合混凝土建筑物热胀冷缩的正常变化规律。

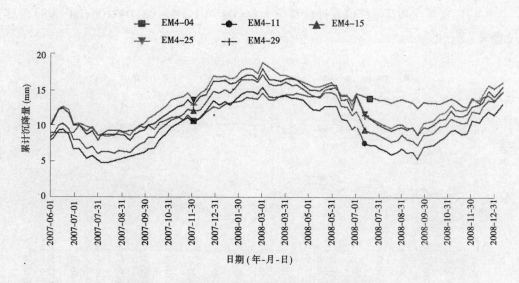

图 6-7　厂房段各部位累计位移较大点位移过程线

从监测结果看,混凝土坝段 139 m 高程平台各部位期内未见异常沉降变化,目前各部位处于正常工作状态。

6.4.2.3　电站坝段顶部 139 m 高程视准线监测

本项目监测点位于电站坝段顶部 139 m 高程平台上,主要用于监测电站坝段各部位在顺水流方向上的平面位移。该项目包括 1 个工作基点和 9 个位移监测点。工作基点 L4−01 位于 1# 机组左侧,工作基点主要通过安装在电站坝段基础的正倒垂系统进行监测,位移监测点则利用工作基点采用 T3000 电子经纬仪或 T2 经纬仪配合活动觇牌进行观测。该项目在 2006 年 10 月 15 日获得初始值,观测周期为一周一次,到 2008 年末已观测 112 次。各监测点位移变化情况见表 6-21。

表 6-21　电站坝段 139 m 高程视准线各监测点位移变化　　　　(单位:mm)

项目		点号								
		D4−01	D4−02	D4−03	D4−04	D4−05	D4−06	D4−07	D4−08	D4−09
年末累计位移		−4.91	−7.08	−3.90	+1.18	+0.67	+5.39	+4.14	+2.60	−1.69
位移	本年	−2.24	−3.24	−1.06	+1.75	+0.79	+1.79	+0.36	−1.70	−0.37
	去年	+3.90	+1.88	+0.02	−0.4	+0.18	+1.31	+2.23	+2.77	−3.55
年最大值		−0.29	−3.34	−2.69	+1.18	+0.93	+5.43	+5.32	+5.5	+0.07
年最小值		−9.75	−10.89	−4.97	−1.95	−1.77	+2.62	+3.20	+1.76	−3.97
年变幅	本年	9.46	7.55	2.28	3.13	2.70	2.81	2.12	3.74	4.04
	去年	4.58	2.43	1.33	2.71	3.04	3.21	3.28	4.05	6.13
所处部位		左门库	安装间及左排沙洞		电站厂房				右排沙洞		

注:"+"表示向下游位移,"−"表示向上游位移。

左门库监测点和其他部位累计位移较大点(D4-01、D4-02、D4-06、D4-08)位移过程线见图6-8。

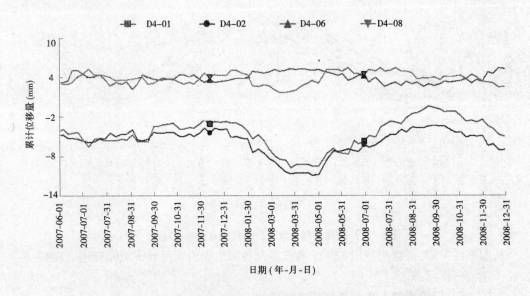

图6-8　左门库监测点和其他部位累计位移较大点位移过程线

监测结果显示,坝顶视准线各监测点至2008年末累计位移量变化范围为-7.08~+5.39 mm。整体表现为电站坝段呈向下游位移,左门库、安装间段呈向上游位移;其中向上游位移最大点位于安装间左侧(位移量-7.08 mm),向下游位移最大点位于机组段(位移量+5.39 mm)。从累计位移量看,除安装间左侧D4-02稍大外,其他各点累计位移变化都不大(均小于5.5 mm)。各监测点变化范围为-3.24~+1.79 mm,与2007年变化范围(-3.55~+3.90 mm)相近,未见异常变化;各监测点位移变化量都不大,顺水流方向水平位移变化不很明显。各监测点的年变幅范围为2.12~9.46 mm,与2007年的变幅范围(1.33~4.58 mm)相近,未见突异变化。从位移过程线图看,各监测点位移过程线变化平顺,未见突变现象。个别测点过程线有波动现象,波动范围大多在2.0 mm以内,大部分均在允许观测误差范围内。各点变化规律相近,未见突异变化点。

该项目监测结果显示,混凝土坝各坝段顺水流方向水平位移期内未见异常变化,各建筑物处于稳定工作状态。

6.4.2.4　出口隔墙及边墙监测

本项目监测点位于电站坝段下游出口消力池隔墙和左岸边墙上,主要用于监测下游墙体的平面位移变化,该项目利用工作基点J3、J4、J5使用TCA2003全自动全站仪采用双站边角测量方法进行观测。2007年6月取得初始值,观测频率为每两周一次,到2008年末已观测41次。各监测点 X 方向(顺坝轴线方向)位移量见表6-22。

3#隔墙监测点(D4-22)和其他部位累计位移较大的监测点(D4-10、D4-15)顺坝轴线方向位移过程线见图6-9。

表 6-22　出口隔墙及边墙监测点 X 方向位移量　　　　　（单位：mm）

项目	点号							
	D4 – 10	D4 – 11	D4 – 16	D4 – 12	D4 – 13	D4 – 14	D4 – 15	D4 – 22
累计位移	+3.5	-2.8	0	+0.2	-0.4	+2.1	+2.6	-0.2
位移	+4.9	-2.2	+1.2	+0.8	-0.1	-0.8	-1.7	-1.7
所处部位	左边墙			左岸灌溉引水闸				3#隔墙

注："+"表示向左岸位移，"-"表示向右岸位移。

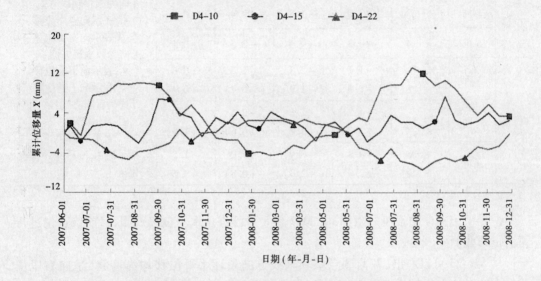

图 6-9　3#隔墙监测点（D4 – 22）和其他部位累计位移较大的监测点（D4 – 10、D4 – 15）
顺坝轴线方向位移过程线

表 6-22 显示，出口消力池隔墙和边墙监测点顺坝轴线方向累计位移以正值偏多（显示测点向左岸位移变化），但累计位移变化各值不大，位移变化不很明显，各监测点变化量值较小，未见明显水平位移变化。从图 6-9 的位移过程线看，各监测点位移过程线受观测条件影响有少许波动，但各点变化规律基本一致，并呈现受温度影响的变化，未见突异变化点。

从监测结果看，该部位目前未见异常变化，处于稳定工作状态。

6.4.2.5　上游导墙监测

上游导墙监测项目包括左导墙位移监测和导墙稳定性监测，分别说明如下。

1）上游左导墙位移监测

本项目沿导墙轴线共布设 5 个监测点，主要用于监测上游左导墙不同部位的位移变化情况。项目内容包括水平位移监测和垂直位移监测，水平位移监测以混凝土坝段顶部139 m 高程视准线的两个工作基点 L4 – 01、L4 – 02 作为基准，用 TCA2003 全自动全站仪按极坐标法进行观测;垂直位移监测以 139 m 高程沉降监测点 EM4 - 01 作为基准,形成闭合线路,按照二等水准要求进行观测。该项目从 2006 年 10 月 29 日取得初始值,监测频率为每周一次,至 2008 年末已观测 110 次。左导墙位移监测点水平位移变化情况见表 6-23。

表 6-23　左导墙位移监测点水平位移变化情况　　　　　　（单位：mm）

项目		点号					说明
		左导 1#	左导 2#	左导 3#	左导 4#	左导 5#	
累计位移	X 向	—	- 1.4	- 3.2	- 4.8	- 2.2	1. 符号规定: X 向为顺坝轴线方向: " + "表示向左岸位移, " - "表示向右岸位移; Y 向为顺水流方向: " + "表示向下游位移, " - "表示向上游位移; H 向为垂直方向: " + "表示沉降, " - "表示上抬。
	Y 向	—	+ 3.0	- 1.3	+ 2.4	+ 0.3	
	H 向	+ 1.4	+ 0.3	+ 0.4	- 2.5	- 0.5	
位移	X 向	—	- 1.7 (+ 1.8)	- 2.3 (+ 1.9)	- 1.7 (+ 1.9)	+ 0.6 (+ 0.7) (+ 0.4)	
	Y 向	— (+ 2.2)	+ 4.2 (+ 3.7)	+ 2.6 (+ 3.7)	+ 2.5 (+ 0.6)	+ 4.0 (+ 1.9)	
	H 向	+ 0.3 (+ 3.0)	- 0.8 (+ 2.0)	- 0.9 (+ 2.0)	- 1.0 (+ 0.8)	- 1.5 (+ 3.6)	2. 括号内为 2007 年位移变化量

左导 1# 点由于防浪墙的阻挡,从 2007 年 8 月已停止水平位移观测,目前该点仅进行垂直位移监测。

从表 6-23 可以看出,各监测点顺坝轴线方向累计水平位移均为负值(呈向右岸位移),顺水流方向累计位移以正值偏多(呈向下游位移);各方向累计位移量值不大(大部分位移量不大于 3.0 mm),监测结果显示该部位平面位移变化不明显。各监测点顺坝轴线方向水平位移变化以负值偏多(呈向右岸位移),顺水流方向位移变化绝大部分为正值(呈向上游位移),各向水平位移量都不大(大部分测点变化量小于 3 mm),位移不很明显。

累计垂直位移量大部分为正值(呈下降变化),但量值很小(均不大于 2.5 mm),沉降变化不明显。垂直位移量大部分为负(呈微量上抬变化),但位移变化量很小(均不大于 1.5 mm),垂直位移变化不明显。

各点 X 向和 H 向位移过程线见图 6-10、图 6-11。

从图 6-10 和图 6-11 可以看出,左导墙各位移监测点水平位移和垂直位移过程线受观测条件影响,都存在一定波动,但各点变化规律基本一致,未见突异变化点。各监测点顺水流方向和顺坝轴线方向水平位移变化呈与温度相关的变化,一般表现为温度升高时呈向左向下游位移变化,温度降低时则相反;垂直位移变化呈温度升高时有微量上抬。监测结果显示本监测项目各监测点累计位移量和变化量值不大,各点位移变化规律相近,未见突异变化点。

监测结果表明,左导墙被监测部分处于正常工作状态。

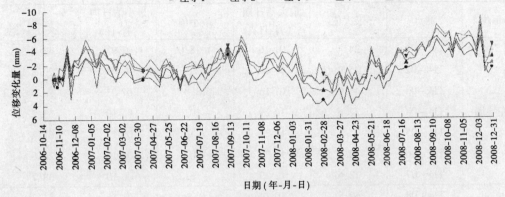

图 6-10　左导墙位移监测点 X 向位移过程线

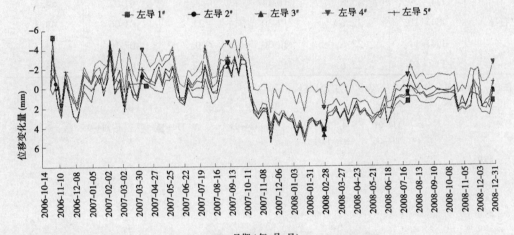

图 6-11　左导墙位移监测点 H 向位移过程线

2)上游左、右导墙稳定性监测

在泄水建筑物上游左、右导墙顶部靠下游侧安装有倾角计,用来对其稳定状况进行监测,其中左导墙布设 7 支,右导墙布设 5 支。

导墙倾角计年特征值见表 6-24,上游左、右导墙倾角计观测过程线分别见图 6-12、图 6-13。

从表 6-24 看出,左导墙倾角计 2008 年位移量变幅为 22.8~67.8 mm;其中TJ4-05测值增长较快,位移量变幅为 67.8 mm,至年末,累计位移变化 74.8 mm。右导墙倾角计位移量变幅为 23.3~54.4 mm,其中TJ4-08、TJ4-09 位移量变幅较大(分别为 54.3 mm、54.4 mm),至年末,累计位移变化 62.8 mm 和 45.8 mm。

从图 6-12 看出,左导墙倾角计 TJ4-05 从 2008 年 4 月开始测值快速增加,9 月初测值增速趋缓,与 2007 年变化规律有不同。其余倾角计测值过程线与 2007 年相比变化趋势基本一致。监测结果表明,2008 年 1~6 月左导墙整体向右岸位移,7~12 月右导墙整体向左岸位移。

表 6-24　导墙倾角计年特征值统计 （单位：mm）

部位	测点	最大值	最大值日期 （月-日）	最小值	最小值日期 （月-日）	变幅
左导墙	TJ4－01	24.4	01-16	−18.0	07-03	42.4
	TJ4－02	25.0	01-16	2.2	07-03	22.8
	TJ4－03	44.0	01-16	18.0	07-03	26.0
	TJ4－04	22.6	12-29	−10.6	06-10	33.2
	TJ4－05	74.8	12-22	6.9	05-12	67.8
	TJ4－06	22.6	12-29	−4.1	06-10	26.6
	TJ4－07	22.6	12-29	−16.2	06-10	38.7
右导墙	TJ4－08	62.8	10-14	8.5	01-16	54.3
	TJ4－09	45.8	10-14	−8.6	01-07	54.4
	TJ4－10	22.6	12-30	−21.2	01-06	43.8
	TJ4－11	22.6	12-30	−0.7	07-16	23.3
	TJ4－12	22.6	12-30	−12.5	01-16	35.0

注："＋"表示向左岸位移，"－"表示向右岸位移。

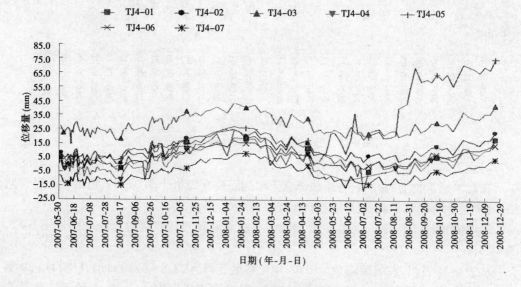

图 6-12　上游左导墙倾角计测值过程线

从图 6-13 看出，右导墙 5 支倾角计在蓄水初期测值在 −10～10 mm，2008 年末测值在 −20～60 mm，总体上呈发散状。其中 TJ4－08、TJ4－09 在 2008 年初测值开始快速上升，11 月底开始缓慢下降，变幅较大。监测结果表明，2008 年 1～9 月右导墙整体向左岸位移，10～12 月右导墙整体向右岸位移。

从监测结果看，上游左导墙整体水平位移和沉降变化都不明显，各块之间不均匀位移变化不明显，处于稳定工作状态。

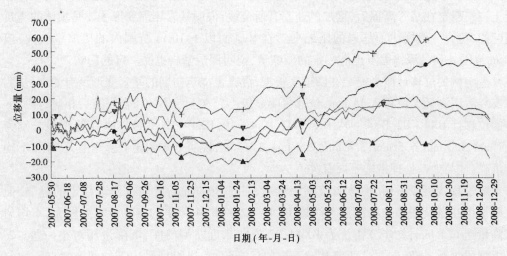

图6-13　上游右导墙倾角计测值过程线

6.4.3　基础沉降监测

在电站坝段基础布设多点位移计14组,每组多点位移计由4个测点组成,每个测点埋设深度不一样,用来监测基础不同高程的变形情况。混凝土坝段基础多点位移计年特征值见表6-25。

表6-25　混凝土坝段基础多点位移计年特征值统计　　　　　　　（单位：mm）

工程部位		测点编号	最深测点高程（m）	纵向桩号（m）	横向桩号（m）	最大值日期（年-月-日）	最大值（mm）	说明
排沙洞	坝踵	BX4 - 01	88	1 + 756.00	0 + 002.50	2006-03-19	0.76	
	坝踵	BX4 - 03	88	1 + 756.00	0 + 002.50			损坏
	坝趾	BX4 - 02	90	1 + 776.00	0 + 060.30	2006-04-13	14.40	
	坝趾	BX4 - 04	90	1 + 776.00	0 + 060.30	2006-05-04	20.50	
2#机组	坝踵	BX4 - 05	88	1 + 811.80	0 + 002.50	2006-05-04	1.10	
	坝踵	BX4 - 08	88	1 + 842.10	0 + 002.50	2006-05-04	2.40	
	坝中	BX4 - 06	90	1 + 811.80	0 + 032.00	2006-04-07	26.40	
	坝中	BX4 - 09	90	1 + 842.10	0 + 032.00	2005-11-24	15.90	
	坝趾	BX4 - 07	90.2	1 + 811.80	0 + 060.30	2006-04-27	21.00	
	坝趾	BX4 - 10	90.2	1 + 842.10	0 + 060.30	2006-05-04	21.50	
4#机组	坝踵	BX4 - 11	88	1 + 877.40	0 + 002.50	2006-50-04	2.44	
	坝踵	BX4 - 13	88	1 + 901.00	0 + 002.50	2006-05-04	0.43	
	坝趾	BX4 - 12	90	1 + 877.40	0 + 060.30	2006-05-04	22.40	
	坝趾	BX4 - 14	90	1 + 901.00	0 + 060.30	2006-05-04	20.10	

大部分多点位移计测点随着坝体混凝土浇筑高程的增加,仪器的测值也增加,坝体混凝土浇筑稳定在某一高程后,增加的速率有所变缓,说明基岩压缩变形主要是坝体的浇筑引起的,符合一般规律。基岩的压缩变形在基础面以下 10 m 范围内的压缩量较大,但 10 m 范围外到最深锚固点也有一定的压缩量,说明深层基岩也受一定的影响。

上游侧的位移计测头安装在廊道底板上,混凝土浇筑初期的基岩变形没有测到,从测头安装后实测最大位移 2.44 mm,位移量明显较小。在上游侧的仪器安装后相应时段,下游侧位移计 BX4 - 02、BX4 - 04、BX4 - 07、BX4 - 10、BX4 - 12、BX4 - 14 沉降增量分别为 3.7 mm、3.0 mm、6.5 mm、3.8 mm、2.7 mm、2.2 mm,说明下游侧比上游侧稍大,存在不均匀沉降,这与地基处理措施不同有关。

从过程线可以看出,坝体浇筑到坝顶后,各部位的沉降量均有逐渐稳定的趋势,但沉降量仍在继续增加。排沙洞下游侧 BX4 - 02 和 BX4 - 04 的沉降量相差较大,不均匀沉降量达 6.1 mm,初步分析认为 BX4 - 02 安装靠近左侧门库,沉降量相对小一些。2# 机组坝段坝踵、坝趾的左右两侧基础不均匀沉降较小,机组坝段中部的两个测点不均匀沉降较大,不均匀量达 10 mm。4# 机组坝段下游侧 BX4 - 12 和 BX4 - 14 的沉降量基本相同,变化趋势也一致,最大沉降量分别为 22.4 mm 和 20.1 mm。基本上没有出现不均匀沉降。

由多点位移计和水准两种方法观测的电站坝段坝基沉降均随坝体混凝土浇筑高度增加而增大,坝体浇筑到坝顶后,沉降发展速度明显减缓,说明施工阶段沉降主要是坝体混凝土自重引起的。位移计实测最大沉降量为 26.4 mm,出现在 2# 机组下游侧;由水准观测的最大沉降量达 40.1 mm,出现在 1# 机组下游侧,均在设计允许范围内。上游侧沉降小于下游侧沉降,初步认为是地质条件和地基处理差异引起的。说明电站坝段的基础沉降已趋于稳定,基础处理设计质量符合电站安全运用要求。

6.4.4 接缝开合度监测

在混凝土坝各坝段之间水平布置测缝计,在防渗墙顶和建筑物基础之间竖向布置测缝计,用来监测接缝的开合情况。

电站坝段共布设 12 支埋入式测缝计,编号为 K4 - 01 ~ K4 - 09,K4 - 34 ~ K4 - 36,其中上游侧布设 6 支,编号为 K4 - 01 ~ K4 - 06,安装在 113.00 m 高程;下游侧布设 3 支,编号为 K4 - 07 ~ K4 - 09,安装在 106.00 m 高程;基础埋设 3 支,编号为 K4 - 34 ~ K4 - 36。其中 K4 - 01 ~ K4 - 06 分别监测左侧排沙洞与安装间、1# 机组与左侧排沙洞、1# 机组与 2# 机组、2# 机组与 3# 机组、3# 机组与 4# 机组、4# 机组与右排沙洞之间伸缩缝的开合度。K4 - 07 ~ K4 - 09 分别监测左侧排沙洞与安装间、1# 机组与左侧排沙洞、4# 机组与右侧排沙洞之间伸缩缝的开合度。K4 - 34 ~ K4 - 36 分别监测安装间基础、2# 机基础、4# 机基础与防渗墙之间伸缩缝的开合度。

水库蓄水以来测缝计测值受温度影响大致表现为气温升高接缝闭合,气温降低接缝张开,符合一般变化规律。电站坝段测缝计年特征值见表 6-26。

表 6-26　电站坝段测缝计年特征值统计　　　　　　　　　（单位：mm）

部位	测点	最大值	最大值日期（年-月-日）	最小值	最小值日期（年-月-日）	变幅
厂房 2# 机组与 3# 机组上游接缝	K4－04	12.6	2008-03-11	7.7	2008-08-14	4.9
厂房 4# 机组与右侧排沙洞上游接缝	K4－06	5.2	2008-02-20	1.4	2008-08-14	3.8
厂房左侧排沙洞与 1# 机组下游接缝	K4－07	2.4	2008-03-17	1.7	2008-10-06	0.7
厂房安装间基础与防渗墙接缝	K4－34	－0.9	2008-01-07	－0.9	2008-01-07	0
厂房 2# 机基础与防渗墙接缝	K4－35	－1.4	2008-01-07	－1.4	2008-01-07	0
厂房 4# 机混凝土与防渗墙接缝	K4－36	－0.9	2008-01-07	－0.9	2008-01-07	0

注：缝开为"＋"，缝合为"－"。

从表 6-26 看出，各测点最大测值范围为 －1.4～＋12.6 mm，变幅范围为 0～4.9 mm。测值最大的测点是位于厂房 2# 机组与 3# 机组上游接缝处的 K4－04，测值为 12.6 mm。厂房基础和防渗墙顶部接缝变幅很小，部分测点变幅为零。

测缝计监测成果表明：

（1）K4－01～K4－06 测点的测值与温度存在负相关关系，即温度升高，测值减少，温度降低，测值增加。其中 2#、3# 机组之间上游缝 113.0 m 高程的最大开度达 12.1 mm；1#、2# 机组之间上游缝 113.0 m 高程的最大开度达 10.1 mm；排沙洞与 1# 机组之间上游缝 113.0 m 高程的开度没有收敛趋势，最大开度为 4.6 mm，可能是排沙洞浇筑时间较晚的原因。伸缩缝开合度主要受温度影响，符合一般规律。

（2）K4－07～K4－09 测点的测值与温度存在负相关关系，即温度升高，测值减小，温度降低，测值增加。排沙洞与 4# 机组之间下游缝 106.0 m 高程的开度最大达 6.4 mm，其他测点开度不大，从变化过程看，基本为温度缝。

（3）从测缝计 K4－34～K4－36 的测值过程线可以看出，基础混凝土与防渗墙之间接缝压缩较小，最大不超过 1.2 mm。

6.4.5　渗流监测分析

电站坝段重点选取 27.5 m 安装间段、2# 机组段、4# 机组段和右侧排沙洞 2# 闸室段布置横向监测断面，在每个监测断面上布设若干支渗压计。从蓄水后观测结果来看，位于混凝土防渗墙上游侧的渗压计测值变化趋势和库水位变化保持一致，符合一般规律。各坝段渗压监测情况如下。

6.4.5.1　27.5 m 安装间段

厂房安装间段基础渗压计年特征值见表 6-27，安装间段防渗墙基础渗压计测值过程线见图 6-14。

表 6-27　厂房安装间段基础渗压计年特征值统计　　　　　　（单位：m）

测点	P4－01	P4－02	P4－03	P4－04	P4－05	上游水位	下游水位
最大值	122.80	122.22	122.21	123.01	122.76	133.62	123.49
日期(年-月-日)	2008-06-27	2008-06-27	2008-06-27	2008-06-26	2008-06-26	2008-01-01	2008-06-26
最小值	119.57	119.27	119.41	119.79	119.56	122.38	118.81
日期(年-月-日)	2008-04-29	2008-04-29	2008-07-29	2008-08-18	2008-08-18	2008-04-26	2008-06-07
年变幅	3.23	2.95	2.80	3.22	3.20	11.24	4.68

从表 6-27 看出,安装间基础渗压计测值变幅为 2.80～3.23 m,各测点最大测值集中在 2008 年 6 月 26～27 日(小浪底调水调沙期)。

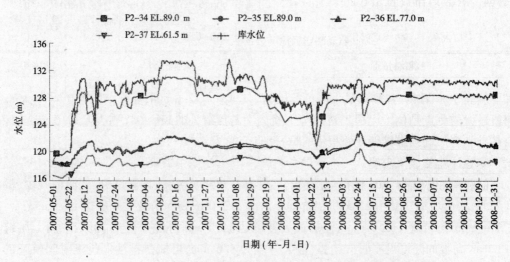

图 6-14　27.5 m 安装间段防渗墙基础渗压计测值过程线

渗压计 P2－35、P2－36、P2－37 位于混凝土防渗墙下游侧同一钻孔内但不同高程处,P2－34 位于防渗墙上游侧,与 P2－35 在同一高程。从图 6-14 看出,P2－35 测值明显低于 P2－34。

6.4.5.2　2#机组段

厂房 2#机组段基础渗压计年特征值统计见表 6-28,2#机组段防渗墙基础渗压计测值过程线见图 6-15。

表 6-28　厂房 2#机组段基础渗压计年特征值统计　　　　　　（单位：m）

测点	P4－09	P4－10	P4－11	P4－12	P4－13	P4－14	P4－15	上游水位	下游水位
最大值	121.03	121.60	122.05	122.51	122.48	122.17	121.96	133.62	123.49
日期(年-月-日)	2008-11-10	2008-11-03	2008-06-27	2008-06-27	2008-06-27	2008-06-27	2008-06-27	2008-01-01	2008-06-26
最小值	116.87	117.56	118.75	119.35	119.67	119.15	118.74	122.38	118.81
日期(年-月-日)	2008-04-29	2008-04-29	2008-04-29	2008-03-31	2008-07-29	2008-07-29	2008-08-18	2008-04-26	2008-06-07
年变幅	4.16	4.04	3.30	3.16	2.81	3.02	3.22	11.24	4.68

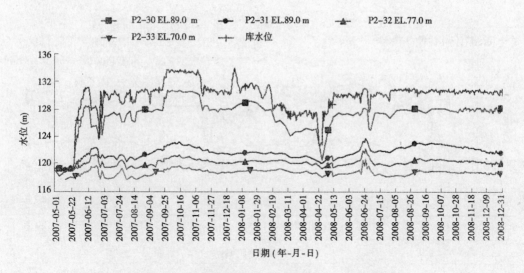

图例:
- P2-30 EL.89.0 m
- P2-31 EL.89.0 m
- P2-32 EL.77.0 m
- P2-33 EL.70.0 m
- 库水位

图6-15 2#机组段防渗墙基础渗压计测值过程线

从表6-28看出,各测点测值变幅为2.81~4.16 m。P4-11~P4-15最大测值均出现在6月27日(小浪底调水调沙期)。

渗压计P2-31、P2-32、P2-33位于混凝土防渗墙下游侧同一钻孔内但不同高程处,P2-30位于防渗墙上游侧,与P2-31处在同一高程。从图6-15看出,P2-31测值明显低于P2-30。

6.4.5.3 4#机组段

厂房4#机组段基础渗压计年特征值见表6-29,4#机组段防渗墙基础渗压计测值过程线见图6-16。

表6-29 厂房4#机组段基础渗压计年特征值统计   (单位:m)

测点	P4-19	P4-20	P4-21	P4-22	P4-23	P4-24	上游水位	下游水位
最大值	122.89	122.75	122.56	122.44	122.43	121.68	133.62	123.49
日期(年-月-日)	2008-06-27	2008-06-27	2008-06-27	2008-06-27	2008-06-27	2008-06-27	2008-01-01	2008-06-26
最小值	119.67	119.61	119.46	119.57	119.61	118.51	122.38	118.81
日期(年-月-日)	2008-04-29	2008-04-29	2008-05-14	2008-05-14	2008-08-18	2008-08-18	2008-04-26	2008-06-07
年变幅	3.22	3.14	3.10	2.87	2.82	3.17	11.24	4.68

从表6-29看出,各测点测值变幅为2.82~3.22 m,最大测值均出现在6月27日(小浪底调水调沙期)。

P2-28、P2-29位于混凝土防渗墙下游侧同一钻孔内但不同高程处,P2-27位于防渗墙上游侧,与P2-28处在同一高程。从图6-16看出,P2-28测值明显低于P2-27。

6.4.5.4 右侧排沙洞段

右侧排沙洞基础渗压计年特征值统计见表6-30,右侧排沙洞防渗墙基础渗压计测值过程线见图6-17。

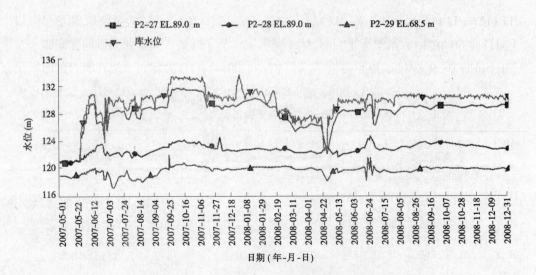

图6-16 4#机组段防渗墙基础渗压计测值过程线

表6-30 右侧排沙洞基础渗压计年特征值统计 （单位：m）

测点	P4 – 25	P4 – 26	P4 – 27	P4 – 28	P4 – 29	P4 – 30	上游水位	下游水位
最大值	122.32	122.55	122.38	122.48	122.46	122.46	133.62	123.49
日期(年-月-日)	2008-06-27	2008-06-27	2008-06-27	2008-06-27	2008-06-27	2008-06-27	2008-01-01	2008-06-26
最小值	115.38	115.56	115.31	114.62	114.71	112.86	122.38	118.81
日期(年-月-日)	2008-06-29	2008-06-29	2008-06-29	2008-07-03	2008-07-03	2008-07-03	2008-04-26	2008-06-07
年变幅	6.94	6.99	7.07	7.86	7.75	9.60	11.24	4.68

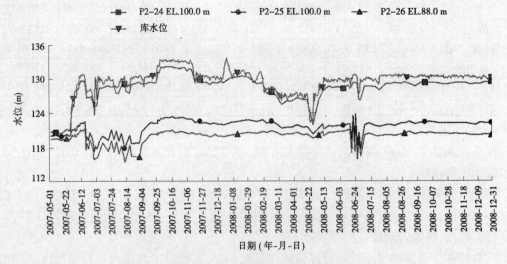

图6-17 右侧排沙洞防渗墙基础渗压计测值过程线

从表 6-30 看出,各测点最大值、最小值均出现在小浪底调水调沙期,这期间由于基础廊道抽排水导致各测点的测值变幅很大。各测点最大值均低于下游水位 1 m 左右。

P2 – 25、P2 – 26 位于混凝土防渗墙下游侧同一钻孔内但不同高程处,P2 – 24 位于防渗墙上游侧,与 P2 – 25 处在同一高程。从图 6-17 看出,P2 – 25 测值明显低于 P2 – 24。

6.4.5.5 1#、3#机组段

1#、3#机组段基础渗压计年特征值统计见表 6-31。

表 6-31 1#、3#机组段基础渗压计年特征值统计 (单位:m)

测点	P4 – 08	P4 – 79	P4 – 18	P4 – 80	上游水位	下游水位
最大值	123.18	122.49	122.88	122.48	133.62	123.49
日期(年-月-日)	2008-06-27	2008-06-27	2008-06-27	2008-06-27	2008-01-01	2008-06-26
最小值	119.16	119.66	119.45	119.54	122.38	118.81
日期(年-月-日)	2008-04-29	2008-05-14	2008-04-29	2008-05-14	2008-04-26	2008-06-07
年变幅	4.02	2.83	3.43	2.94	11.24	4.68

从表 6-31 看出,各测点最大值均出现在 6 月 27 日(小浪底调水调沙期),测值变幅为 2.83 ~ 4.02 m。

6.4.5.6 防渗墙前后渗压计测值对比

为监测电站坝段防渗墙所起的防渗效果,分别在同一桩号位置防渗墙前后埋设了渗压计,共布设了 7 组。现将电站坝段可进行对比的 6 组渗压计测值统计列于表 6-32 中。

表 6-32 防渗墙前后渗压计测值统计(截至 2009 年 5 月底) (单位:m)

部位	电站坝段					
坝轴线桩号	D1 + 917.35	D1 + 891.50	D1 + 858.70	D1 + 825.90	D1 + 793.10	D1 + 763.75
仪器高程	100.00	89.00	89.50	89.00	89.50	89.00
防渗墙前	130.31	130	129.94	128.82	130.07	129.46
防渗墙后	122.86	122.84	121.47	121.92	121.89	120.53
测值差	7.45	7.16	8.47	6.9	8.18	7.93

从表 6-32 看出,布设在防渗墙前渗压计的测值范围为 128.82 ~ 130.31 m,布设在防渗墙后渗压计的测值范围为 120.53 ~ 122.86 m。防渗墙后渗压计的测值明显低于同一部位墙前渗压计的测值,测值差范围为 6.9 ~ 8.47 m,防渗墙削减水头普遍在 7 m 以上,防渗墙防渗效果明显。

现将电站坝段右侧排沙洞 D1 + 917.35、3#机组 D1 + 825.90、左侧排沙洞 D1 + 763.75 三个断面上的渗压计测值绘制成分布图(见图 6-18)。

从图 6-18 可以看出以下特点:

(1)防渗墙前渗压计测值与上游库水位相近。

(2)防渗墙后渗压计测值明显小于同一部位墙前渗压计测值。

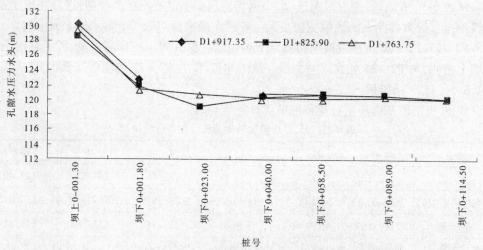

图 6-18　电站坝段横断面渗压计测值分布图

（3）防渗墙后渗压计测值变化不大，大部分呈坝下桩号增大测值缓慢递减变化，渗透比降很小。

（4）上述渗压计中未见突异变化点。

现以厂房部位基础（软基）进行分析。该部位分纵向 7 排、横向 7 排，共布设渗压计35 支，目前这些仪器可以正常监测。现以 4# 机组 D0＋891.50 断面 7 支渗压计测值计算各仪器的渗透比降，见表6-33。

表6-33　D0＋891.5 断面渗压计测值渗透比降计算　　　　　（单位：m）

仪器名称	P2－28	P4－19	P4－20	P4－21	P4－22	P4－23	P4－24
上下桩号	下0＋1.80	下0＋23.00	下0＋40.00	下0＋58.50	下0＋90.00	下0＋113.00	下0＋135.00
渗压计测值	122.8	121.23	121.1	121.08	120.84	120.34	119.08
两仪器间距离	21.2	17	18.5	31.5	23	22	
两仪器间测值差	1.61	0.13	0.02	0.24	0.5	1.26	
渗透比降	0.076	0.008	0.001	0.008	0.022	0.057	
全断面渗透比降	0.028						

表 6-33 显示该断面各仪器间渗透比降较小，远小于设计允许值，表明该部位基础渗透稳定。

现分别选电站坝段坝上 0－001.30、坝下 0＋001.80、坝下 0＋058.50 三个断面渗压计测值绘制成分布图（见图6-19）。

图 6-19 显示：

（1）防渗墙前后两排渗压计间测值有明显变化，防渗墙防渗效果明显。

（2）防渗墙后各纵断面渗压计测值变化较小。

（3）各条分布线水平向无突异变化，未见突异变化点。

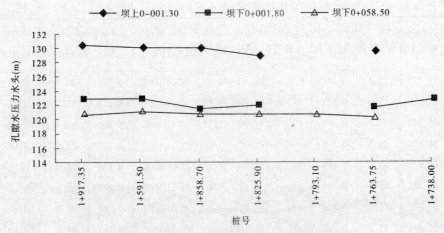

图 6-19　电站坝段纵断面渗压计测值分布图

　　监测结果显示:电站坝段防渗墙防渗效果明显,渗透比降很小,渗压计测值有很好的规律,符合正常变化规律,说明被监测部位基础渗透稳定。

6.4.6　应力应变监测分析

6.4.6.1　坝基压力监测

　　为监测混凝土坝段基底应力的分布状况,泄洪闸坝段共选择3个监测断面、电站坝段选择3个监测断面进行监测,每个断面布设3~5支压力盒。厂房基础压力盒2008年特征值统计见表6-34。

表 6-34　厂房基础压力盒2008年特征值统计　　　　　　　　（单位:MPa）

部位	左排沙洞					2#机组		
	桩顶	桩间			桩顶	桩间		
测点	PI4－01	PI4－02	PI4－03	PI4－04	PI4－05	PI4－19	PI4－20	PI4－21
最大值	0.45	0.23	0.26	0.33	0.46	0.38	0.41	0.60
最大值日期 (年-月-日)	2008- 07-29	2008- 06-29	2008- 01-07	2007- 12-22	2007- 12-22	2007- 12-22	2007- 12-22	2007- 12-15
最小值	0.20	0.17	0.21	0.26	0.23	0.20	0.23	0.38
最小值日期 (年-月-日)	2007- 12-29	2008- 09-16	2008- 07-23	2008- 04-29	2008- 04-07	2008- 06-25	2008- 04-29	2008- 07-03
变幅	0.26	0.06	0.05	0.08	0.23	0.19	0.18	0.22
部位	4#机组				1#机组		3#机组	
	桩顶	桩间			桩间		桩间	
测点	PI4－23	PI4－24	PI4－25	PI4－26	PI4－28	PI4－29	PI4－30	PI4－31
最大值	0.37	0.32	0.29	0.28	0.35	0.59	0.38	0.45
最大值日期 (年-月-日)	2007- 11-10	2007- 12-22	2007- 06-29	2007- 01-07	2007- 05-12	2007- 12-08	2007- 01-07	2008- 11-25
最小值	0.00	0.21	0.27	0.06	0.25	0.30	0.30	0.30
最小值日期 (年-月-日)	2008- 06-16	2008- 07-03	2008- 04-29	2008- 06-10	2008- 04-29	2008- 06-03	2008- 04-29	2008- 05-14
变幅	0.37	0.12	0.03	0.22	0.11	0.29	0.08	0.14

注:"＋"表示压应力,"－"表示拉应力。

从表6-34看出，蓄水后厂房基础灌注桩顶部的压力盒 PI4-01、PI4-05、PI4-23 应力值 2008 年变幅在 0.23~0.37 MPa，最大值在 0.37~0.46 MPa。分布在灌注桩之间的压力盒应力值年变幅在 0.03~0.29 MPa，最大值在 0.23~0.60 MPa。测值过程线见图 6-20~图 6-24。

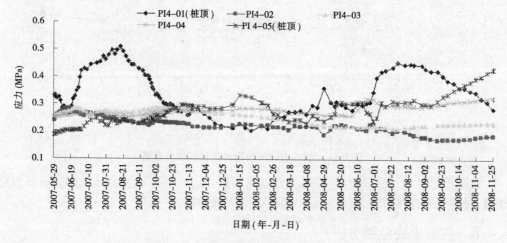

图 6-20　安装间基础土压力计测值过程线

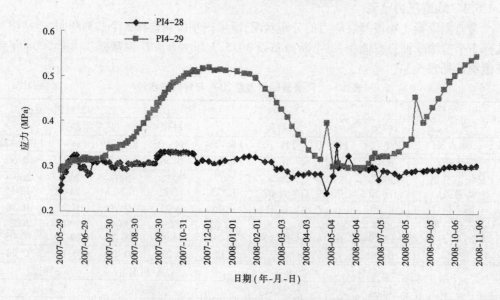

图 6-21　1#机组段土压力计测值过程线

从整体压力分布看，下游侧测点测值明显大于上游侧测点测值。随着坝体浇筑结束，各测点测值逐渐趋于稳定。从测值过程线来看，各个测点均表现为受压，其测值均随坝体的混凝土浇筑高度而增加，存在明显的规律性变化。

基础混凝土桩顶上的 PI4-01、PI4-05、PI4-06、PI4-22、PI4-23、PI4-27 六支土压力计实测压应力较大，PI4-06、PI4-22、PI4-27 仪器已经损坏。而桩间土部位的测点实测压力较小，一般在 0.3 MPa 以内，观测以来最大为 0.634 MPa，符合设计对电站坝段

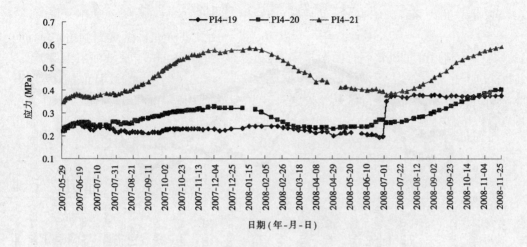

图 6-22   2#机组段土压力计测值过程线

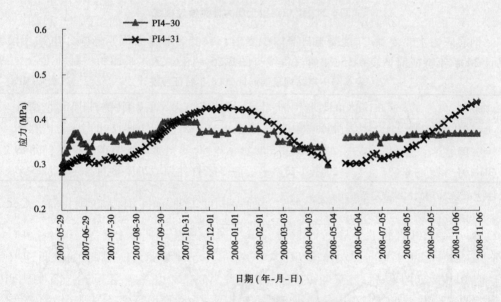

图 6-23   3#机组段土压力计测值过程线

进行稳定和基础应力计算结果最大基础应力为 0.50 ~ 0.6 MPa,与桩基地基的受力特点
是符合的。

监测结果显示电站坝段压力盒测值无出现异常变化,表现以压应力为主,且测值不大
(均不大于 0.6 MPa),坝基未出现异常压力变化。

6.4.6.2   钢筋应力监测

为监测混凝土坝段钢筋应力的变化,电站坝段共布设 4 支钢筋计,在 1#机组进口墩
布设 2 支钢筋计(R4 – 01、R4 – 02),以监测边墩钢筋应力变化情况;在 2#机组肘管上也布
设 2 支钢筋计(R4 – 03、R4 – 04),以监测混凝土肘管的受力状况。R4 – 02 现已失效。

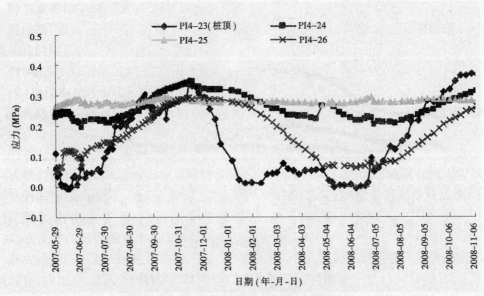

图 6-24 4#机组段土压力计测值过程线

钢筋应力主要受温度、混凝土自身体积变形和徐变等非荷载因素影响。电站坝段钢筋计 2008 年特征值见表 6-35,测值过程线见图 6-25 ~ 图 6-27。

表 6-35 电站坝段钢筋计 2008 年特征值统计   (单位:MPa)

测点	最大值	最大值日期(年-月-日)	最小值	最小值日期(年-月-日)	变幅
R4 – 01	12. 25	2008-06-10	1. 75	2008-12-22	10. 50
R4 – 03	– 3. 61	2008-01-23	– 29. 50	2008-08-07	25. 89
R4 – 04	– 8. 68	2008-01-23	– 34. 24	2008-08-14	25. 55

注:"+"表示受拉,"–"表示受压。

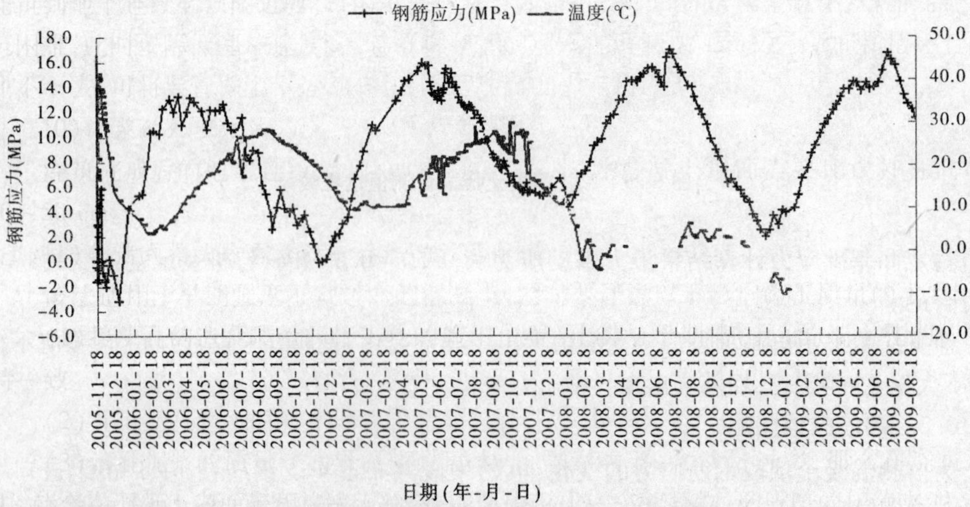

图 6-25 钢筋计 R4 – 01 应力与温度相关曲线

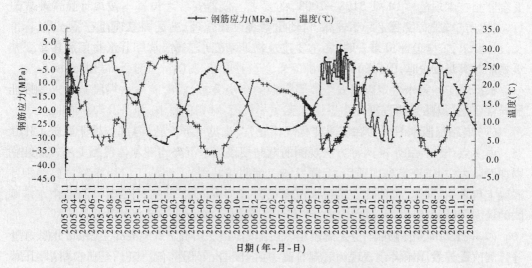

日期(年-月-日)

图 6-26 钢筋计 R4-03 应力与温度相关曲线

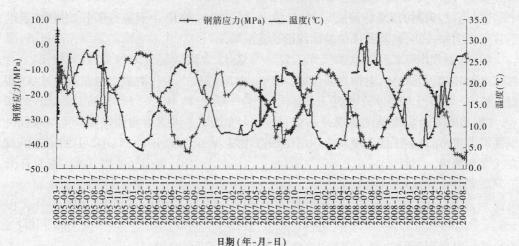

日期(年-月-日)

图 6-27 钢筋计 R4-04 应力与温度相关曲线

R4-01 主要表现受拉,最大拉应力为 16.8 MPa;R4-03、R4-04 主要表现受压,最大压应力分别为 33.07 MPa 和 33.71 MPa。从测值过程线来看,电站 1#机组左边墩处和 2#机组尾水底板钢筋应力主要受温度影响,钢筋应力较小,结构处于正常的工作状态。

监测结果显示,各钢筋计的变化趋势规律一致,且呈现随温度变化的周期性规律:温度降低,钢筋计的测值升高;温度上升,钢筋计的测值下降。说明温度降低钢筋处于压应力减小状态,温度升高钢筋处于压应力增加状态。

6.5 安全监测结论

根据对安全监测资料的整编分析,工程蓄水鉴定和验收前安全鉴定认为,西霞院工程安全监测设计基本合理,基本满足《土石坝安全监测技术规范》(SL 60—94)和《混凝土坝安全监测技术规范》(DL/T 5178—2003)的要求。仪器安装埋设基本按设计技术要求进行,工程质量较好,仪器完好率较高,自动化系统设计合理,满足国家现行有关规范、标准及设计要求;安全监测成果表明,各主要建筑物地基变形正常,水库蓄水运用后各主要建筑物能够满足安全运用要求。

根据对工程蓄水鉴定以后安全监测资料的初步分析,西霞院电站坝段基础未发现明显异常变化。监测结果表明:

(1)电站坝段水平位移和沉降变化规律正常,未见突异变化,各部位处于稳定工作状态。由多点位移计和水准两种方法观测的电站坝段坝基沉降均随坝体混凝土浇筑高度的增加而增大,坝体浇筑到坝顶后,沉降发展速度明显减缓,说明施工阶段沉降主要是坝体混凝土自重引起的。位移计实测最大沉降量为26.4 mm,出现在2#机组下游侧;由水准观测的最大沉降量达40.1 mm,出现在1#机组下游侧,均在设计允许范围内。

(2)电站坝段接缝开合度变幅较小,电站坝段最大开度12.1 mm。水库蓄水以来测缝计测值受温度影响大致表现为气温升高,接缝闭合;气温降低,接缝张开。电站坝段横缝开合度与温度呈负相关,符合一般变化规律。

(3)电站坝段防渗墙防渗效果明显,渗透比降很小,渗压计测值有很好的规律,符合正常变化规律,说明被监测部位基础渗透稳定。

(4)电站坝段基础压力盒测值无出现异常变化,表现以压应力为主,且测值不大,坝基未出现异常压力变化,电站坝基压应力变化规律较好,主要与混凝土浇筑高度有关,混凝土桩顶部的压力明显大于桩间土的压力,符合一般规律。

(5)各钢筋计的变化趋势规律一致,且呈现随温度变化的周期性规律。电站坝段的钢筋应力较小,均在正常范围以内。电站坝段坝踵、坝趾混凝土应力较小,且为压应力,均在正常范围内。

第7章 结论与建议

西霞院工程施工揭露的地质情况比初步设计阶段发生了较大变化,尽管在电站厂房坝段基础开挖之前,通过补充的钻孔,对这段基础的复杂性有一定的思想准备,但当深埋的地层被揭开后,地质复杂程度和施工难度比预想的还要复杂得多。

上第三系地层主要特点为:岩、土性质并存,岩性相变大,强度跨度大,产状不清晰,标志层不明显和小构造比较发育。目前,国内外在上第三系地层上修建水利工程的经验尚少,缺乏可以借鉴和参考的资料。因此,对这种过渡型地层尚未有相对统一完善的试验方法与评价标准,需要在工程实践中对该类地层进行探索和完善。

鉴于地质条件的复杂性,为较客观地认识并提出合适的地质参数,开展了现场试验研究。主要包括:大型现场试验(静力载荷试验、现场直剪试验、现场回弹变形观测)、原位测试(标准贯入试验、静力触探测试和综合测井等)、钻孔取样、刻槽取样及室内试验等。

经对勘察试验成果及工程地质特性进行综合分析和全面评价,并进行了两次国内专家咨询会,为最终的电站基础处理方案提供依据。经与专家会审,在厂房基坑增加了259根素混凝土桩和1.1万 m^2 混凝土防渗墙。经过工程参建各方团结协作、努力拼搏,成功解决了电站坝段软基处理技术难题。

7.1 结 论

(1)按照传统地质学观点,上第三系洛阳组(N_L^1)属岩石类地层。施工阶段通过地质编录、补充勘探、土工试验及原位大型试验与测试工作,认为洛阳组(N_L^1)为由土向岩过渡的地层,总体上土的工程地质特性较为明显,并按土的特性提供物理力学性质指标,为解决地基承载力、地基沉降与不均一变形、渗漏及渗透稳定、判别地基砂层地震液化等工程地质问题提供了可靠的依据,从而保障了工程施工质量和安全可靠性。

工程地质对洛阳组(N_L^1)进行的类别划分、工程地质条件分区、断层活动性的判定,以及提供的各种类别土(岩)的物理力学性质指标是合适的。因此,本工程的洛阳组(N_L^1)地层与第四系土类地层和下第三系弱胶结岩层均有一定的不同,但其工程地质性质明显属于土类;工程上按土的物理力学性质指标提供于设计使用是正确的。

(2)电站坝段的地基加固方案合理,计算方法正确,加固处理措施适当,安全监测成果表明,电站坝段实际沉降量远小于计算值,且已趋于稳定,满足安全运用要求。

(3)电站坝段基础防渗方案设计合理,基础防渗处理方案可以满足电站坝段的安全运行要求。

(4)电站厂房及左、右侧排沙洞地基地质条件复杂,采取的开挖措施和开挖方法合理。地基处理的防渗墙、灌注桩和高压旋喷桩工程,施工方法合理,各项技术指标检测符合现行有关规范的规定,施工质量满足设计要求。

（5）水库蓄水以来，混凝土坝段水平相对位移、地基沉降位移及厂房坝段 129.0 m 平台沉降位移的增量均在正常范围内，且已基本趋于稳定；混凝土坝段坝顶沉降变形增量不超过 6 mm，坝顶变形呈周期性变化，目前坝沉降变形尚未完全稳定。

（6）水库蓄水以来，混凝土坝段地基应力在 0.659 MPa 以内，已经稳定；实测钢筋应力在 −55.80 ~ 90.12 MPa 变化，与温度呈明显相关性，已经稳定；混凝土实测大部分测点在 100 $\mu\varepsilon$ 以内，目前已经稳定。

7.2　建　议

（1）西霞院工程的主要关键技术问题之一是，河床电站地基中的上第三系地层岩性相变大，承载力差别大，小构造发育，总体上土的工程性质明显，工程地质条件复杂，因此设计采用混凝土桩加固和混凝土防渗墙防渗的综合处理措施是合适的，但由于目前国内外尚缺少在同类地质条件下建设大型水利水电工程的实例，应对大坝基础防渗工程结构安全及防渗效果加强监测。

（2）西霞院工程地质条件复杂，为保证工程安全运用，应加强安全监测与安全巡视检查，并及时对安全监测资料进行整理和分析，对巡视检查结果进行研究会商，为水库安全运用提供可靠的信息和依据。

西霞院工程从 2004 年 1 月开工建设，2006 年 10 月实现成功截流，2007 年 6 月首台机组发电，2008 年 2 月最后一台机组发电，标志着工程全部完工。现工程正式投入运用已 4 年多，主体工程不断接受着实际的检验。无论是经验或教训，都将在水利工程建设的史册上留下痕迹，并将对水利事业的发展起到推动作用。

参 考 资 料

[1] 黄河勘测规划设计有限公司. 黄河小浪底水利枢纽配套工程——西霞院反调节水库初步设计报告. 2003.

[2] 水利部小浪底水利枢纽建设管理局. 黄河小浪底水利枢纽配套工程——西霞院反调节水库竣工验收工程建设管理工作报告. 2010.

[3] 中国水利水电第十四工程局西霞院工程项目经理部. 黄河小浪底水利枢纽配套工程——西霞院反调节水库竣工验收混凝土施工工程（Ⅳ标）施工管理工作报告. 2010.

[4] 黄河勘测规划设计有限公司. 黄河小浪底水利枢纽配套工程——西霞院反调节水库竣工验收工程设计工作报告. 2010.

[5] 黄河勘测规划设计有限公司. 黄河小浪底水利枢纽配套工程——西霞院反调节水库竣工验收电站基础处理专题报告. 2010.

[6] 水利部水利水电规划设计总院. 黄河小浪底水利枢纽配套工程——西霞院反调节水库竣工验收技术鉴定报告. 2010.